U0264917
站在巨人的肩上
Standing on Shoulders of Giants
TURING
图灵教育
iTuring.cn

站在巨人的肩上
Standing on Shoulders of Giants
TURING
图灵教育
iTuring.cn

TURING 图灵程序设计丛书

Python
科学计算基础教程

Mastering Python Scientific Computing

【印】Hemant Kumar Mehta 著
陶俊杰 陈小莉 译

人民邮电出版社
北京

图书在版编目（CIP）数据

Python科学计算基础教程 / (印) 赫曼塔·库玛·梅赫塔 (Hemant Kumar Mehta) 著 ; 陶俊杰, 陈小莉译. -- 北京 : 人民邮电出版社, 2017.1
(图灵程序设计丛书)
ISBN 978-7-115-43698-6

Ⅰ. ①P… Ⅱ. ①赫… ②陶… ③陈… Ⅲ. ①软件工具—程序设计—教材 Ⅳ. ①TP311.56

中国版本图书馆CIP数据核字(2016)第243311号

内 容 提 要

Python因为其自身的诸多优点而成为科学计算的极佳选择。本书是将Python用于科学计算的实用指南，既介绍了相关的基础知识，又提供了丰富的精彩案例，并为读者总结了最佳实践经验。其主要内容包括：科学计算的基本概念与选择Python的理由，科学工作流和科学计算的结构，科学项目相关数据的各个方面，用于科学计算的API和工具包，如何利用Python的NumPy和SciPy包完成数值计算，用Python做符号计算，数据分析与可视化，并行与大规模计算，等等。

本书适合对科学计算感兴趣的Python程序员阅读参考。

◆ 著　[印] Hemant Kumar Mehta
译　陶俊杰　陈小莉
责任编辑　朱　巍
执行编辑　贺子娟　李　敏
责任印制　彭志环

◆ 人民邮电出版社出版发行　北京市丰台区成寿寺路11号
邮编　100164　电子邮件　315@ptpress.com.cn
网址　http://www.ptpress.com.cn
三河市海波印务有限公司印刷

◆ 开本：800×1000　1/16
印张：13.5
字数：319千字　2017年1月第1版
印数：1－4 000册　2017年1月河北第1次印刷

著作权合同登记号　图字：01-2016-6691号

定价：49.00元

读者服务热线：(010)51095186转600　印装质量热线：(010)81055316

反盗版热线：(010)81055315

广告经营许可证：京东工商广字第8052号

版权声明

谨以此书献给我的父母，以及我的精神导师——Manohar Chandwani教授（已故）和Priyesh Kanungo教授。

译 者 序

数据是事实的抽象形式，能比较则可量化。只要定义了事实的起点（几何中称为原点，代数中称为数字0），一切模棱两可的表象通过对比都将变得井然有序。然而，有时人们关心的事实是复杂的、多维的、难以想象的，因此需要分析数据、梳理信息、积累知识、作出决策。随着数据获取和计算成本的不断降低，开源免费的数据采集与分析工具愈加便利，人们将更愿意接受采集数据与分析数据的过程，用数据提高工作效率，改善生活质量。各门学科中不问数据的"差不多先生"将被淘汰，以数据为基础的"德先生"与"赛先生"将重回中国。科学是反复的实验，民主是具体的实践，二者都离不开数据的支持。科学与工程领域的各门学科都是建立在数据的基础上，用数据发现问题、解决问题、展现研究成果，是科学家与工程师认识世界、改造世界的必然手段。科学家与工程师在解决专业领域的计算任务时，需要建立数据模型、分析历史数据、预测未来趋势，这些都离不开专业的科学计算工具。Python简洁优雅、开源免费、模块丰富、社区活跃，是许多科学家与工程师解决复杂计算问题的必备工具，而以NumPy和SciPy为基础构建的Python科学计算环境，在科学与工程领域已经有着十分广泛的应用。

对于科学计算难题，Python总能立竿见影。本书作者在科学计算领域经验十分丰富，知识框架完整，见解独到，可谓精通科学计算。作者在书中以科学计算生态系统的视角，不仅全面阐述了Python科学计算环境的基础内容，还为你提供了Python科学计算的精彩案例，总结了科学计算的最佳实践经验。作者首先以科学计算的概念和作业流程为切入点，总结科学计算的任务和难点，进而结合Python的功能特性论述选择Python进行科学计算的理由，总结Python为科学计算提供的工具与API。之后，作者以科学计算的对象——数据——为基础，介绍数据存储的不同文件格式，以及为科学计算实验生成数据的常用随机数生成方法。然后，作者详细地介绍了Python科学计算的生态环境，通过大量示例介绍NumPy、SciPy、SymPy、IPython、matplotlib和pandas等科学计算模块的功能，以及这些模块在数据统计、符号计算、交互编程、数据可视化等领域的应用。在大数据时代，Python科学计算不能忽视高性能计算的需求，因此作者用第8章的内容详细介绍了Python关于并行与大数据计算的方法，包括IPython的并行计算框架、多进程与多线程、Hadoop与PySpark分布式计算。

书中还有Python在科学与工程领域大量的科学计算案例。在中国L型新常态已成定局、工业4.0方兴未艾之际，通过数据寻求成本与效率的均衡，挖掘潜在的用户需求，增强用户体验，都显得更加重要。数据分析方法不再局限于课本与描述性统计，国家、企业、家庭甚至个人发展中的每一个合理决策都需要数据的支持。另外，本书最后一章总结了一些科学软件开发项目中设计、实施、发布、数据安全、维护与客户支持以及Python语言编程等方面的最佳实践。为了方便读者查询Python模块，作者在书中整理了不同学科中解决具体问题时常用的Python科学计算模块。Python科学计算的模块非常丰富，读者在PyPI网站（https://pypi.python.org/pypi）上可以看到最新发布的模块信息。全书示例程序使用Python 2.7，所有程序稍加调整（改`print`语句）或使用2to3工具，即可在Python 3环境下运行。强烈推荐使用Anaconda科学计算软件，它集成了Python科学计算的常见模块，有适用于Windows、Mac OS、Linux系统的不同版本。BTW，在中国内地的普通网络环境下，建议使用清华大学的TUNA镜像下载Anaconda安装包（https://mirrors.tuna.tsinghua.edu.cn/anaconda/archive/）。Python模块的下载和配置方式请参考https://mirror.tuna.tsinghua.edu.cn/help/anaconda/，其配置方法十分简单。运行以下命令即可添加Anaconda Python免费仓库：

```
conda config --add channels
'https://mirrors.tuna.tsinghua.edu.cn/anaconda/pkgs/free/'
conda config --set show_channel_urls yes
```

对于那些Anaconda官方未添加的模块，使用pip安装即可。网络环境好的同学，也可以考虑conda-forge。更多精彩，等你探索。另外，Anaconda Cloud、Wakari（已经被Anaconda收购）、微软Azure notebook等云计算环境都安装了常用的科学计算模块，可以灵活配置，免费使用，很适合上手，只要有浏览器就都可以写代码。Python与PyData社区十分活跃，推荐感兴趣的读者持续关注。

科学与工程学科众多，知识浩如烟海，内容非常专业。本书中涉及数学、物理、医学等诸多方面的专业知识，对纯工科出身的我们来说颇有难度，相关知识我们重点参考了维基百科。若读者在阅读过程中发现有翻译不当的地方，还请帮忙指正，非常感谢。

陶俊杰 陈小莉

2016年7月

前　言

“我坚信几十年后，科学历史学家会把我们目前所处的时代，描述成科学史上一个具有深远和重大意义的转型期。在这个过程中，不断涌现的免费开源软件扮演了重要角色。”

——Fernando Perez，IPython创始人

本书主要介绍Python用于科学计算的API和工具包。我强烈推荐给奋战在工程计算和科学计算领域的朋友们。科学计算是一个交叉领域，需要计算机科学、数学、自然科学（至少是物理学、化学、环境科学、生物学等学科中的一种）以及工程学的知识。Python包含大量的包、API和工具，为众多科学与工程领域提供所需的功能。

用户众多的社区、丰富齐全的帮助文档、大量的科学计算库和开发环境、高效的性能以及良好的支持，使得Python成为科学计算的极佳选择。

本书内容

第1章，科学计算概况与选择Python的理由，主要介绍科学计算的基本概念，同时介绍Python的背景知识、指导原则以及为何用Python进行科学计算是十分高效的。

第2章，科学工作流和科学计算的结构，主要介绍通常在解决科学问题时需要用到的数学与数值分析概念，还会简单地介绍Python语言为科学计算提供的包、工具和API。

第3章，有效地制造与管理科学数据，主要介绍科学项目相关数据的各个方面，包括基本概念、各种数据操作以及存储数据的格式与软件，还会介绍一些标准数据集和生成合成数据的技术。

第4章，Python科学计算API，主要介绍不同科学计算API和工具（包括NumPy、SciPy和SymPy等）的基本概念、特性以及简单的示例程序，还会简单地介绍使用IPython、matplotlib和pandas进行交互式计算、数据分析以及数据可视化。

第5章，数值计算，主要介绍如何利用Python的NumPy和SciPy包完成数值计算。一开始先介

绍数值计算的基础知识，然后介绍优化、插值、傅里叶变换、信号处理、线性代数、统计、空间算法、图像处理、文件输入/输出等进阶知识。

第6章，用Python做符号计算，首先介绍CAS（Computerized Algebra System，计算机化代数系统）的基础知识，并用SymPy实现符号计算。这一章将围绕CAS介绍多个话题，既包括简单的数学表达式和基本的算术运算，也有数学和物理学的高级概念。

第7章，数据分析与可视化，介绍matplotlib和pandas在数据分析与可视化方面的相关概念和应用示例。

第8章，并行与大规模科学计算，介绍实现高性能科学计算的工具和方法，包括IPython（配合MPI）并行计算、使用StarCluster配置Amazon EC2计算集群、多进程与多线程方法、Hadoop和Spark。

第9章，真实案例介绍，介绍一些利用Python开发的科学计算应用、库和工具的案例。这些案例都源自不同的工程和科学领域。

第10章，科学计算的最佳实践，介绍科学计算的最佳实践，内容包括方案设计、代码编写、数据管理、应用部署、高性能计算、数据安全与隐私、应用维护以及客户支持等，同时还会介绍一些专门针对Python开发的最佳实践。

本书需要的工具

运行本书的示例程序首先需要一台装有Python 2.7.9或以上版本的计算机以及Python的一些API、包和工具。然后，需要一些Python库（包括NumPy、SciPy、SymPy、matplotlib、pandas和IPython），还有IPython.parallel包、pyzmq、SSH安全协议（如果你需要）以及Hadoop。

目标读者

本书面向希望了解科学计算的Python程序员。阅读本书的前提是你已经掌握了Python编程的基本概念。

排版约定

在本书里，你将会看到用于区分不同类型信息的文本样式。以下给出了一些文本样式的示例及其含义。

正文中的代码和用户输入会这样显示："随机模块中的所有函数都是`random.Random`类的一个隐含实例的方法。"

代码块示例如下：

```
import random
print random.random()
print random.uniform(1,9)
print random.randrange(20)
print random.randrange(0, 99, 3)
print random.choice('ABCDEFGHIJKLMNOPQRSTUVWXYZ') # Output 'P'
items = [1, 2, 3, 4, 5, 6, 7, 8, 9, 10]
random.shuffle(items)
print items
print random.sample([1, 2, 3, 4, 5, 6, 7, 8, 9, 10], 5)
weighted_choices = [('Three', 3), ('Two', 2), ('One', 1), ('Four', 4)]
population = [val for val, cnt in weighted_choices for i in
range(cnt)]
print random.choice(population)
```

这个图标表示警告或重要事项。

这个图标表示提示和技巧。

读者反馈

我们非常欢迎读者的反馈。如果你对本书有些想法，有什么喜欢或是不喜欢的，请反馈给我们。这将有助于我们开发出能够充分满足读者需求的图书。

一般的反馈，请发送电子邮件至feedback@packtpub.com，并在邮件主题中注明书名。

如果你在某个领域有专长，并有意编写一本书或是贡献一份力量，请参考我们的作者指南，地址为http://www.packtpub.com/authors。

客户支持

你现在已经是Packt引以为傲的读者了，为了能让你的购买物有所值，我们还为你准备了以下内容。

下载示例代码

你可以用你的账户从http://www.packtpub.com下载所有已购买Packt图书的示例代码文件。如果你从其他地方购买的本书，可以访问http://www.packtpub.com/support并注册，我们将通过电子邮件把文件发送给你。

下载本书的彩色图片

我们也提供了本书的PDF文件，里面包含了本书的截屏和图表等彩色图片。彩色图片将能帮助你更好地理解输出的变化。下载地址：https://www.packtpub.com/sites/default/files/downloads/8823OS.pdf。

勘误

虽然我们已尽力确保本书内容正确，但出错仍旧在所难免。如果你在我们的书中发现错误，不管是文本还是代码，希望能告知我们，我们不胜感激。这样做，你可以使其他读者免受挫败，也可以帮助我们改进本书的后续版本。如果你发现任何错误，请访问http://www.packtpub.com/submit-errata提交，选择你的书，点击勘误表提交表单的链接，并输入详细说明。勘误一经核实，你的提交将被接受，此勘误将上传到本公司网站或添加到现有勘误表。

访问https://www.packtpub.com/books/content/support，在搜索框中输入书名，你也可以在Errata部分查看已经提交的勘误信息。

盗版

版权材料在互联网上的盗版是所有媒体都要面对的问题。Packt非常重视保护版权和许可证。如果你发现我们的作品在互联网上被非法复制，不管以什么形式，都请立即为我们提供位置地址或网站名称，以便我们可以寻求补救。

请把可疑盗版材料的链接发到copyright@packtpub.com。

非常感谢你帮助我们保护作者，以及保护我们给你带来有价值内容的能力。

问题

如果你对本书内容存有疑问，不管是哪个方面，都可以通过questions@packtpub.com联系我们。我们会尽最大努力解决。

电子书

扫描以下二维码，即可购买本书电子版。

致　谢

特别感谢我的博士生导师Priyesh Kanungo教授和印度Devi Ahilya大学已故的Manohar Chandwani教授。他们的教导一直指引着我的事业和生活。

也由衷地感谢我亲爱的学生和朋友Pawan Pawar，他帮助我写了本书中的一些程序。

还要感谢整个Packt出版团队和审稿人，感谢他们为了保证本书的高质量而付出的巨大努力。

最重要的是，我要感谢我的家人。万分感激我的父母。感谢我的妻子Priya以及我亲爱的儿子Luv和Darsh，我对他们的感激之情无以言表。

目　录

第1章 科学计算概况与选择Python的理由

科学计算（scientific computing）是指在科学与工程领域，使用计算机数学建模和数值分析技术分析和解决问题的过程。科学问题包括不同科学学科中的问题，如地球科学、空间科学、社会科学、生命科学、物理学和形式科学。这些学科基本涵盖了现有的所有科学领域，从传统科学到现代工程科学，如计算机科学，都在其中。工程问题包括从土木工程和电子工程到（最新的）生物医学工程领域的各种问题。

本章将介绍的话题如下：

- 科学计算的基础知识
- 科学计算的处理流程
- 科学与工程领域的计算案例
- 解决复杂问题的策略
- 近似、误差和相关统计术语
- 误差分析的基本概念
- 计算机算法与浮点数
- Python背景介绍
- 为什么选择Python做科学计算

数学建模是指利用数学术语表示设备、物体、现象和观念的行为的建模行为。一般情况下，数学建模可以帮助人们更好地理解观念、设备和物体的行为或观测值。它可以帮助人们解释观测值，并对未来的行为进行预测，或者推导出还没有被观测或测量的结果。数值分析是计算机科学与数学的交叉领域，通过设计、分析并最终实现算法，来解决自然科学（例如物理学、生物学和地球科学）、社会科学（例如经济学、心理学、社会学和政治学）、工程学、医学和商学问题。Python有一个专门研究多体动力学的包和工作流，叫作Python Dynamics（即PyDy）。它是基于SymPy力学包开发的工作流和软件包。PyDy扩展了SymPy，并实现了多体动力学仿真。

1.1 科学计算的定义

科学计算也被称作计算科学（computational science）或科学计算法（scientific computation），其主要思路是开发数学模型，通过量化分析技术和计算机解决科学问题。

> “科学计算是利用计算机解决科学与工程领域的数学建模问题所需的工具、技术和理论的集合。”
>
> ——Gene H. Golub和James M. Ortega

简而言之，科学计算可以看成是一门交叉学科，如下图所示。

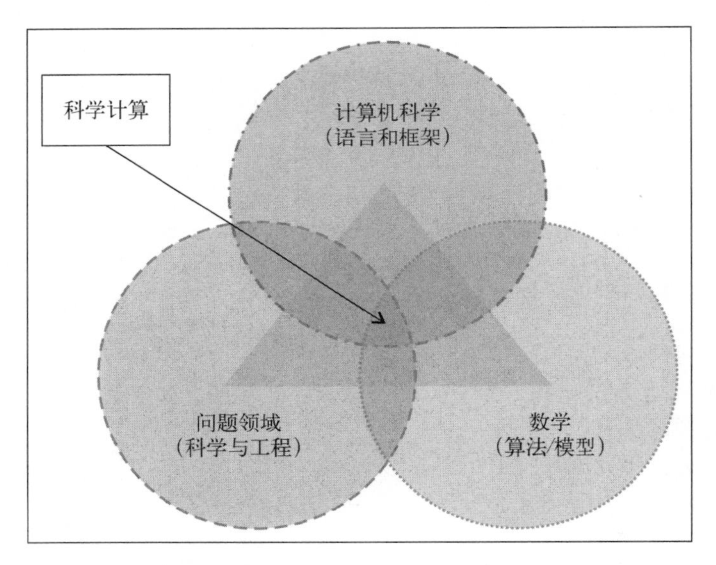

科学计算是一门交叉学科

科学计算首先需要人们了解问题（通常是科学和工程领域的问题）背后的专业知识，同时需要具有数学建模能力，掌握各种数值分析技术，并能利用计算机技术实现高效率、高性能的计算工具。它还需要使用计算机以及各种各样的外围设备，包括网络设备、存储工具、计算处理器、数学与数值分析软件。此外还需要掌握编程语言，并了解问题所在领域的知识数据库。人们已经利用科学计算的相关技术创造出了新的应用，让科学家们能够从现有的数据和过程中发现新的知识。

在计算机科学方面，科学计算可以看成是对数学模型和问题所在领域的数据/信息的数值仿真。仿真目标由具体问题决定。目标可以是探索事件发生的原因，重新构建一个具体的场景，优化过程，或者预测事件发生的时机。有时数值仿真可能是唯一选择，或者是最佳选择。有一些现象和场景基本上不可能进行实验，例如气候研究、天体物理学研究和天气预测。在另一些场景中，实际的实验并不可取，比如检验某种材料或产品的可靠性或强度。有些实验的时间/经济成本很高，例如车祸或生命科学实验。在以上这些场景中，科学计算能够经济高效地帮助用户分析和解决问题。

1.2　科学计算的简单处理流程

下面的流程图简单说明了科学计算的步骤。第一步是为问题设计数学模型。当创建完数学模型后，下一步是开发算法。算法通常需要利用合适的编程语言和恰当的实现框架来实现。编程语言的选择是关键决策点，由应用的性能和功能需求决定。另一个重要的决策点是确定实现算法的框架。确定了语言和框架之后，就可以实现算法并进行样本仿真了。可以对仿真的结果进行性能和准确率分析。如果实现的结果或效果不符合预期，则应该确定问题的根源。之后，需要回头改进数学模型，或者重新设计算法或它的实现，并选择合适的编程语言和框架来实现算法。

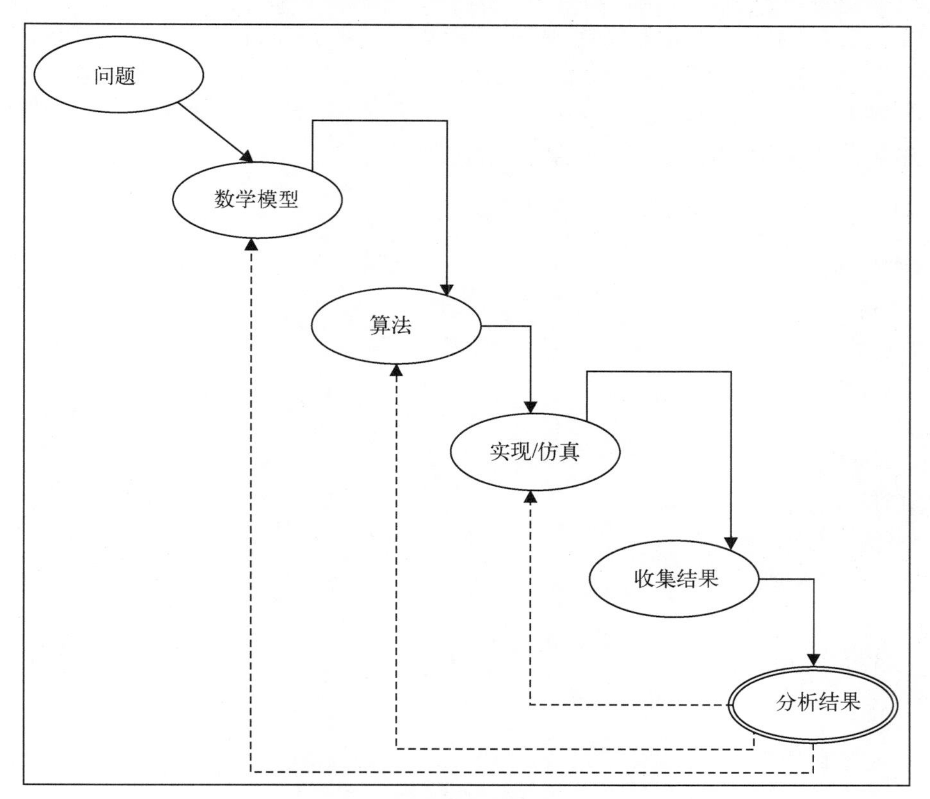

科学计算流程

数学模型表现为一组合理的数学公式，这些公式能够在一定程度上详细描述大多数问题。算法用多个步骤来表示解决过程，这些步骤需要用一种适当的编程语言或脚本来实现。

实现算法之后，还有一个重要的步骤需要完成——对实现的代码进行仿真运行。这包括设计实验基础设施、准备或整理仿真用的数据/条件、准备仿真的场景，等等。

仿真成功运行之后，下一步就是收集和展示结果以便进行分析，进而对仿真的有效性进行验证。如果结果不符合预期，就需要返回到前面的步骤改正并重复。这种返回到之前步骤的情形，在上图中用虚线表示。如果每一步都进行得很顺利，那么分析就是工作流的最后一步，图中用双线表示。

为了解决任何数学问题，尤其是科学与工程领域的数学问题而进行的算法设计与分析，称为数值分析（numerical analysis），现在也称为科学计算。在科学计算中，需要解决的问题主要是针对连续数值，而不是离散数值。后者主要指计算机科学的其他问题。通俗的表述就是，科学计算解决关于连续变量的方程和公式问题，例如时间、距离、速率、重量、高度、尺寸、温度、密度、压力、应力等。

一般情况下，连续变量的数学问题只能获得近似解，因为它们的精确解不太可能在有限的步骤中得到。因此，这些问题通过有限步的迭代处理可以收敛到一个可行解。这个可行解取决于目标问题的特性。通常迭代步骤都是有限的，每次迭代之后，结果都会更加接近仿真的期望解。仿真结果的准确性和算法的收敛速度是科学计算过程的重点。

一些科学领域已经在使用科学计算解决问题了，比如：

- 计算流体动力学
- 大气科学
- 地震学
- 结构分析
- 化学
- 磁流体力学
- 地质储层建模
- 全球海洋/气候建模
- 天文/天体物理
- 宇宙学
- 环境保护研究
- 核工程

目前，一些新兴的学科也开始借助科学计算的力量，包括：

- 生物学
- 经济学
- 材料研究

- ❑ 医学影像
- ❑ 动物科学

1.3 科学与工程领域的案例

让我们看几个可能用科学计算解决的问题。第一个问题是研究两个黑洞碰撞的行为，这个问题无论从理论上还是实践上都很难理解。从理论上说，这个实验非常复杂，几乎不可能在实验室实现并进行现场研究。但是这个现象可以根据爱因斯坦的广义相对论的数学公式建立合理有效的数学模型，然后在计算实验室进行仿真。然而，这个仿真需要消耗极大的计算能力，可以通过先进的分布式计算环境实现。

第二个问题与工程和设计相关。与汽车测试相关的一个问题是*碰撞测试*（crash testing）。为了降低完成真实（也很危险）的碰撞测试的成本，工程师和设计师们都会优先考虑进行计算机仿真碰撞测试。最后，还有大型房屋与厂房设计问题。可以按照设计目标构建一个仿真模型，但是这样做需要消耗大量的时间和金钱。然而，通过建筑设计工具完成设计可以节省大量的时间和成本。生物信息科学和医学也有类似的情况，例如蛋白质结构的折叠和传染病的建模研究。蛋白质结构折叠的研究非常耗时，但是利用大规模计算机集群和分布式计算系统可以高效地完成。类似地，在分析不同参数对传染病疫苗接种程序的影响方面，为传染病建模可以节省时间和成本。

之所以挑选这三个问题，是因为它们分别代表科学计算可以解决的三类问题。第一类问题是基本不可能解决的。第二类问题可以解决但风险很高，甚至具有严重的破坏性。第三类问题不使用仿真就可以解决，也可以在现实生活中通过模拟解决，但是通过仿真方法解决会更加经济高效。

1.4 解决复杂问题的策略

解决复杂计算问题的一个简单策略是：首先找出问题的难点，然后分解成多个小难点，各个击破，替换成问题的最优解或可行解。总之，就是要把大问题分解成小问题，分而治之。经过初步分解后的小问题，可能简单也可能依然比较复杂。可以将复杂的小问题进一步分解，直到分解成可以解决的问题为止，最终，需要解决的都是一些简单的小问题。基本思路就是通过分而治之的方法将难题替换成相似的简单问题。

在应用这个方法时，有两个关键点需要注意。首先是需要从同类问题中寻找可以解决的问题（相似性替代，切忌使用风马牛不相及的问题）。其次是问题替换之后，需要考虑最终问题是否仍然处于可接受的范围之类。现列举一些案例如下。

- ❑ 将无限维空间问题简化为有限维空间问题。
- ❑ 将无限过程转换成有限过程，例如将积分和无穷级数转换成有限项求和或有限差分法（网格法）。

- 如果条件允许，用代数方程代替差分方程。
- 将非线性问题转换成线性问题，因为后者更容易解决。
- 如果条件允许，将复杂的函数简化成若干简单的函数。

1.5 近似、误差及相关统计概念和术语

这些科学计算的答案通常都是近似解。近似解虽然不是我们真正想要的精确解，但是可以非常接近精确解。“非常接近”的意思是这个解十分接近实际或仿真成功获得的结果，因为它们实现了目标。这类近似解或相似解会受到许多因素的影响。影响因素按照产生阶段可以分成两类：一类是在计算开始之前就有的，另一类是在计算过程中出现的。

在计算开始之前就出现近似值，主要由以下因素造成。

- **建模假设或无知**：建模过程中可能使用了一些假设条件，没注意或者忽略了一些概念和现象的影响，最终导致了近似或可接受的误差。
- **观测或实验数据**：从一些低精度的设备中获取的数据可能会不准确。计算过程中使用一些常量，比如π，这些常量都是近似值，这也是造成计算结果与真实值有差距的重要原因。
- **计算的先决条件**：输入数据是从前一个实验或仿真中获取的值，可能有点误差，而经过计算误差被进一步放大了。前一步的处理可能会成为之后实验的先决条件。

计算过程中导致近似值的主要因素如下。

- **简化问题**：如本章前面介绍的，为了解决大而复杂的问题，需要使用分而治之的方法，并不断将小难题转换成简单问题。这可能会产生近似值。而且将无限序列替换成有限序列也可能会产生近似值。
- **截断和舍入**：许多仿真都会对中间结果进行截断和舍入操作。类似地，计算机内部表示浮点数的方法和算术运算过程也会导致些许不准确。

科学计算最终出现近似解可能是由上面的若干因素造成的。根据不同的问题和不同的解决方法，最终结果的准确性也可能会发生变化。

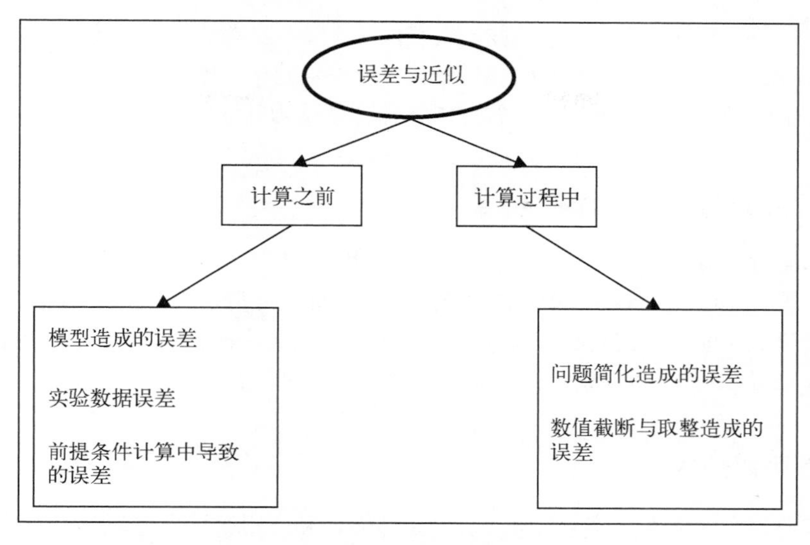

计算过程中误差与近似的分类

1.5.1 误差分析

误差分析（error analysis）是评估近似解对算法或计算过程准确性的影响程度的过程。下面将介绍误差分析的基本概念。

通过前面对近似解的讨论可以得出这样的结论：误差既可能出现在输入数据中，也可能在对输入数据的计算过程中产生。

如果进一步细分，计算误差还可以分为两类：截断误差（truncation error）和舍入误差（rounding error）。截断误差是将复杂问题简化成简单问题时造成的，例如，在得到需要的准确率之前粗略地中断算法迭代。舍入误差是使用计算机计算时数字系统表示数字精度的规则造成的，也是在对数字进行算术运算时造成的。

最终，误差究竟是十分显著还是可以忽略不计，由最终数值的规模决定。例如，误差10对数值15来说是十分显著的，但对785来说就不算大了，对17 685来说甚至可以忽略不计。通常，误差值的影响程度与结果数值具有相关性。如果知道结果数值的量级，那么看看误差值的量级，就可以判断误差究竟是可以忽略不计还是十分显著。如果误差十分显著，就要考虑引入改进手段了。

1.5.2 敏感度、稳定性和准确性

下面介绍一些问题或算法的重要属性。敏感度（sensitivity或conditioning）是问题的一种属性。

在某些条件下，问题可以被称为敏感的或不敏感的，或者是良态的或病态的。如果输入值发生相对变化时，输出结果也会发生等比例的相对变化，就说问题是不敏感的或良态的。另一方面，如果输出结果发生的变化比输入值的变化幅度大，那么就认为问题是敏感的或病态的。

1.5.3　后向与前向误差估计

假设我们通过映射函数f对x进行计算获得了y^*，即$y^*=f(x)$。现在真实值是y，那么微量$y'=y^*-y$被称为前向误差（forward error），对应的估计方法称为前向误差分析。通常，很难获取该估计值。另一种方法是认为y^*就是同样问题带有修正x的精确值，即$y^*=f(x')$。现在$x^*=x'-x$就被称为y^*的后向误差（backward error）。后向误差分析就是对x^*的参数估计过程。

1.5.4　误差可以忽略不计吗

这个问题的答案由你准备使用科学计算的具体领域和应用场景决定。如果计算导弹的发射时间，差0.1秒都会造成严重问题。如果是计算火车的到达时间，40秒误差也不是大问题。类似地，药物剂量的一点改变可能会对病人造成极其恶劣的影响。一般情况下，如果应用场景中出现的计算误差与人的生命无关，或者不会导致巨大损失，那么可以忽略不计。否则，就需要努力解决误差的影响。

1.6　计算机算术运算和浮点数

计算机为了表示实数引入了一种科学计算的近似类型。这种近似经过实数算术运算之后会进一步放大。下面将介绍这种实数的表示、算术计算方法以及对计算结果可能产生的影响。然而，这种近似误差不仅会在计算机运算过程中出现，在手工计算过程中为了降低复杂度而采用舍入计算也会造成近似误差。

在深入介绍用计算机表示实数的方法之前，让我们先回顾一下数学中使用的科学记数法。在科学记数法中，为了将极大的数或极小的数简化成较短的形式，用近似值与10的幂数乘积表示。在科学记数法中，数字都被表示成“a乘以10的b次方”，即$a\times10^b$。例如，0.000000987654和987 654可以分别表示成9.87654×10^{-7}和9.87654×10^5。在科学记数法中，指数都是整数，而系数是实数，称为尾数（mantissa）。

IEEE（Institute of Electrical and Electronics Engineers，电气和电子工程师协会）在IEEE 754标准中确立了浮点数的表示方法。绝大多数主流设备都使用这套标准解决浮点数表示的相关问题。最新版标准在2008年发布，被称为IEEE 754-2008。这套标准确立了算术数据格式、交换格式、舍入规则、运算方法和异常处理。它还推荐了高级的异常处理方法、更多的运算规则、表达式估算，以及如何编写可重用的结果。

1.7　Python 编程语言简介

Python是一种具有多种用途的高级编程语言，支持多种编程范式，包括过程式编程、面向对象编程、命令式编程、面向切面编程和函数式编程。Python经过扩展后还可以支持逻辑编程。Python是一种解释型语言，可以帮助开发者用比C++、Java以及其他语言更少的代码行完成同样功能的程序。Python支持动态类型和自动内存管理。Python自带一个全面的标准程序库，还有大量满足具体任务需求的第三方程序库。通过程序包管理工具，如`pip`、`easy_install`、`homebrew`（Mac OS X系统）、`apt-get`（基于Debian的Linux系统），以及其他安装工具（如Anaconda），安装Python程序包都非常容易。

Python是开源语言；它的解释器可以运行在多种操作系统上，包括Windows、Linux、OS X等系统。还有许多工具可以把Python程序编译成面向不同操作系统的可执行文件，如Py2exe和PyInstaller。可执行文件是独立代码，不需要Python解释器就能独立运行。

1.7.1　Python 语言的指导原则

Guido van Rossum发明了Python，并确立了Python的指导原则，他被社区称为*仁慈的独裁者*（Benevolent Dictator For Life，BDFL）。Tim Peters把这些原则写成了一段偈语[①]（https://www.python.org/dev/peps/pep-0020/），让我们一句一句来解释。

- **美观优于丑陋。**（Beautiful is better than ugly.）这句话的意思是说代码是写给人看的，所以在所有程序中，代码都应该尽可能地好看，表达式语法应该简单，并且语法和风格应前后保持一致。
- **显明胜过隐晦。**（Explicit is better than implicit.）绝大多数概念应该都是显式的，就像显式的布尔类型。我们直接用文字true和false表示布尔类型，而不需要用数字1和0表示。当然，Python也支持用数字表示布尔类型。而且非零值都可以作为布尔值。类似地，`for`循环可以处理任何数据结构，不需要考虑变量类型。一个循环语句既可以遍历元组的每个元素，也可以处理字符串的每个字符。
- **简单优于复杂。**（Simple is better than complex.）Python的内存管理方式对用户而言很简单，通过垃圾回收器分配/回收内存，避免复杂操作[②]。另一个范例就是简洁的`print`语句：不仅打印时可以避免使用文件描述符，而且多个对象用逗号隔开就可以自动转换成可以打印的形式。
- **复杂胜过混乱。**（Complex is better than complicated.）科学计算的概念都很复杂，但并非程序结构都会十分混乱。即使产品结构十分复杂，Python的程序结构也不应该杂乱无章。

---

① 在Python中`import this`就会出现。——译者注

② 其实底层是通过引用计数等方式封装C语言的malloc和free函数。——译者注

Pythonic方式本质上就是简单、简洁，SciPy和NumPy程序包都是非常好的例子。

- **扁平优于嵌套。**（Flat is better than nested.）Python标准程序库提供了丰富多样的模块。由于Python的命名空间保持了扁平化结构，因此每个程序库导入名都比较简洁，例如`java.net.socket`在Python里就是`socket`。Python标准程序库遵循自备电池（batteries included）的设计哲学。标准程序库提供的模块可以满足各种需求。例如，各种各样的网络协议模块可以用来开发丰富的网络产品。另外，标准程序库里还提供了图形用户界面编程、数据库编程、正则表达式、高精度计算、单元测试等众多模块。标准程序库里的一些模块包括网络（socket、select、SocketServer、BaseHTTPServer、asyncore、asynchat、xmlrpclib和SimpleXMLRPCServer）、互联网协议（urllib、httplib、ftplib、smtpd、smtplib、poplib、imaplib和json）、数据库（anydbm、pickle、shelve、sqlite3和mongodb）、并行处理（subprocess、threading、multipro-cessing和queue）。
- **广泛胜过深邃。**（Sparse is better than dense.）这一点是对Python标准程序库的要求，其覆盖面相对广泛浅显，而PyPI（Python package index，Python程序包索引器）则丰富多彩，博大精深，通过十分详尽的第三方程序包列表，可以为一个主题提供更深入、全面的支持。我们可以用pip安装Python程序包。
- **可读性不可或缺。**（Readability counts.）程序的语句块都用空格创建，Python语法中使用最小的标点符号。语句结尾不需要分号。分号可以在句尾使用，但是并非必需。类似地，大多数情况下，表达式也不需要括号。Python使用内联文档产生程序API文档。Python的文档在运行时和线上都可以获取。
- **特例不能破坏规则。**（Special cases aren't special enough to break the rules.）这句话隐含的意思是Python中每个成员都是对象。所有内置类型被设计成对象。用于表现数字的数据类型拥有方法。每个函数本身也是拥有方法的对象。
- **即使复杂现实会打破纯粹规则。**（Although practicality beats purity.）Python支持多种编程范式，可以让用户选择最适合解决问题的范式。它支持面向对象编程、过程式编程、函数式编程等多种编程范式。
- **异常不能不辞而别。**（Errors should never pass silently.）Python的异常处理方法，可以让异常通过较高层面的API编程解决，不需要触及底层API。Python不仅为标准异常的处理提供了非常详细的说明，同时也允许用户自定义异常，进行个性化处理。为了支持代码调试，Python提供了代码跟踪。在Python程序中，错误处理机制默认会在`stderr`里把完整的错误信息打印出来。跟踪信息里包含源文件名称、行号和源代码，如果存在的话。
- **除非需要它悄然无声。**（Unless explicitly silenced.）为了应对一些特殊情况，有时也需要让异常悄无声息地运行。这时，可以使用不带`except`的`try`语句。还有一种办法就是把异常转换成普通的字符串。
- **模棱两可时，不要胡思乱想。**（In the face of ambiguity, refuse the temptation to guess.）自动类型转换只在事先知晓的情况下才能使用，例如，整型与浮点型数据运算后生成一个浮点型数据。

- **应该有且仅有一种明确的方式解决问题。**（There should be one—and preferably only one—obvious way to do it.）这一点是显而易见的。这就需要消除一切冗余。于是程序会变得更容易学习和记忆。
- **虽然那种方式起初并非显而易见，除非你是Guido。**（Although that way may not be obvious at first unless you're Dutch.）上一条介绍的处理方式主要是面对标准程序库的。当然，第三方模块非常丰富。例如，Python拥有多个GUI的API，如GTK、wxPython和KDE等。网络编程工具也有很多，如Django、AppEngine和Pyramid等。
- **现在做比不做好。**（Now is better than never.）这句话的意思是鼓励用户让Python成为他们最喜欢的工具。Python的ctypes类型，可以让Python程序使用C/C++共享程序库。
- **虽然不做比急于求成好。**（Although never is often better than right now.）Python增强方案（Python Enhancement Proposals，PEP）提出了一种缓期执行的方案，对语法、语义和内建类型的改进都会在一段时期后发布的新版本中体现。
- **如果结果很难解释，一定不靠谱；如果容易解释，也许行得通。**（If the implementation is hard to explain, it's a bad idea. If the implementation is easy to explain, it may be a good idea.）在Python里，所有的语法变更、新模块和API的引入，都会经过非常严谨的检查和审批流程。

1.7.2 为什么用 Python 做科学计算

说实话，如果仅从Python语言本身来看这个问题，可能其他编程语言更有优势。不过我们有NumPy、SciPy、IPython和matplotlib程序库，它们让Python成为了科学计算的最佳选择。我们将在后面的章节中介绍这些程序库。下面来总结一些Python语言和相关科学计算程序库的综合特性，这些特性让Python比其他编程语言（如MATLAB和R等）更适合做科学计算。基本上没有一种语言可以满足以下所有特性。

1. 简洁易读的代码

Python代码通常都很简洁，相比其他科学计算语言更加容易理解。正如Python指导原则中所说的，简洁是Python的设计哲学。

2. 编程范式丰富的语言设计

总的来说，Python语言的设计非常适合做科学计算，因为Python支持多种编程范式，包括过程式编程、面向对象编程、函数式编程和逻辑编程。用户可以有多种选择，可以自行确定最适合解决问题的范式。这一点在其他科学计算的编程语言中都是没有的。

3. 免费与开源

Python及其科学计算工具都可免费使用，而且都是开源的。这一点的好处是可以获取源代码。

而其他大多数科学计算工具[1]都是独家销售的产品，其本身的算法和内容也没有向用户公开。

4. 语言交互能力

Python具有与大多数主流技术相互操作的交互能力。我们可以调用不同的编程语言的函数、代码、程序包和对象，例如MATLAB、C、C++、R、Fortran以及其他语言。还有许多方法可以实现这种交互能力，例如Ctypes、Cython和SWIG等。

5. 可移植与可扩展

Python支持绝大多数平台。因此，它是一种可移植的编程语言，而且它的程序在一个平台上写完后，迁移到另一个支持Python的平台上运行时，输出结果几乎是一样的。Python背后的设计原则使得它成为一种可以进行高度扩展的语言，这就解释了为什么我们可以拥有那么多可以解决各种任务的高级程序库。

6. 层次化模块系统

Python使用模块化系统在命名空间中以函数和类的形式组织程序。为了让Python的概念容易被人们学习和记忆，命名空间系统的设计非常简单。这么做还增强了代码的可读性与可维护性。

7. 图形用户界面程序包

Python提供了许多图形用户界面程序包和工具组合。这些工具套件和程序包可以用来做图形设计、用户界面设计、数据可视化以及许多其他与图形相关的事情。

8. 数据结构

Python支持非常全面的数据结构。数据结构在进行科学计算的程序的设计和实现过程中至关重要。Python语言的数据结构功能中最大的亮点就是词典。

9. Python的测试框架

Python的单元测试框架PyUnit具有完整的单元测试功能，可以和用户的Python程序整合在一起。它支持许多重要的单元测试概念，包括测试夹具、测试用例、测试套件和测试运行器。

10. 丰富的第三方程序库

Python认同“自备电池”的哲学，所以它的标准程序库里有丰富的程序包。作为一个可扩展的语言，Python也为不同需求的用户提供了大量成熟的个性化程序库。下面简单介绍一些用于科学计算的程序库。

---

① R语言除外。——译者注

NumPy/SciPy程序包可以满足科学计算中的许多数学和统计需求。SymPy程序库具有符号计算功能，可以实现基本算术、代数、积分、离散数学、量子物理等学科的符号计算。PyTables是一个高效处理拥有大量数据的数据集的程序包，通过一种分层数据库的形式（HDFS）存储数据。IPython让Python实现了交互式计算。它是一个命令行工具，同时支持多种语言的交互式计算。matplotlib程序库为Python/NumPy提供画图功能，可以画出许多的图形，例如线性图、直方图、散点图以及3D图。SQL Alchemy是一个Python编程的对象关系映射程序库。通过它，我们可以借助数据库的能力，让科学计算变得更加高效、轻松。最后，还应该介绍一个工具箱，它建立在前面介绍过的这些程序包以及其他众多开源程序库和工具箱的基础之上。这个工具箱的名字叫SageMath。它也是一个开源数学软件。

1.7.3　Python 的缺点

介绍完Python相比其他科学计算语言的优越性之后，如果思考Python的缺点，会发现Python比较突出的一个缺点是它的集成开发环境（integrated development environment，IDE）没有其他语言强大。Python工具箱是把分散在各处的程序包和工具箱组合起来，其中有一些还是命令行界面。因此，就这一点来看，Python在一些平台上相比其他语言要逊色，例如Windows系统上的MATLAB。但是，这并不是说Python使用起来不方便，其实它依然很容易使用。

1.8　小结

本章首先介绍了科学计算的基本概念和定义，紧接着介绍了科学计算的操作流程，然后简要介绍了科学和工程领域的案例。之后，论述了解决复杂问题的有效策略，以及近似、误差和相关统计术语。

我们还介绍了Python语言的背景知识和指导原则，最后解释了为什么Python是进行科学计算的最佳选择。

下一章将介绍科学计算中涉及的多种数学/数值分析概念，还将介绍一些Python科学计算的程序包、工具箱和API。

第2章

科学工作流和科学计算的结构

科学工作流（scientific workflow）表示为解决科学计算问题所需的一系列结构化活动和计算步骤。科学计算涉及的计算都具有较高的强度和复杂度，还要处理复杂的依赖关系。本章其余部分会继续用科学计算问题的术语表示科学工作流。现在来介绍大多数科学计算问题都需要的各种数学和计算概念。

这一章将介绍以下主题：

- 科学计算的数学部分
- Python的科学计算程序库
- NumPy简介
- SciPy简介
- pandas数据分析
- IPython（Interactive Python）交互式编程
- SymPy符号计算
- matplotlib数据可视化

2.1 科学计算的数学部分

首先将简要介绍科学计算问题中可能出现的各种数学概念，还会介绍对应问题的解决方法。不过，这里不会深入方法的细节。在后面的章节中，我们会详细介绍与这些概念相关的Python API。

2.1.1 线性方程组

在科学计算和应用数学中，最常见的数学概念就是线性代数方程组。通常，这类系统的出现都是由于线性方程对非线性方程的近似，或代数方程对差分方程的近似。

线性方程组通常由一组联立线性方程构成，示例如下：

$$
\begin{aligned}
2\,x_1 + 1\,x_2 + 1\,x_3 &= 1 \\
1\,x_1 - 2\,x_2 - 1\,x_3 &= 2 \\
1\,x_1 + 1\,x_2 + 2\,x_3 &= 2
\end{aligned}
$$

这个方程组由三个线性方程组成，带有三个未知变量：x_1、x_2和x_3。该方程组的解就是同时满足三个方程的三个变量的值。满足这个方程的解如下所示：

$$
\begin{aligned}
x_1 &= (1/2) \\
x_2 &= (-3/2) \\
x_3 &= (3/2)
\end{aligned}
$$

这个解同时满足三个方程。这正是我们把线性方程系统称为线性方程组的原因——整个方程组被看成一个整体而非各个独立的方程。通常，使用迭代方法，通过重复的步骤对方程组进行求解。在程序中可以通过一些循环结构实现迭代。另外也有非迭代方法，通过计算公式求解。线性方程组的求解方法很多，有迭代方法和非迭代方法。例如，高斯LU矩阵分解法与高斯消元法是最常见的非迭代方法。雅可比迭代法和高斯–赛德尔迭代法是常见的迭代方法。

2.1.2 非线性方程组

非线性方程组是指一组联立方程，其中未知变量的阶数大于1。这个系统可以是一维，也可以是多维。一般情况下，非线性方程可以表述为以下形式。对于方程f，x需要满足以下条件：

$$f(x) = 0$$

x的值被称为方程的根（root）或零值（zero）。

非线性方程按照维度分为两种，如下所示。带一个自变量的一维非线性方程如下所示：

$$f : R\alpha R(scalar)$$

方程的解是满足条件$f(x) = 0$的标量（scalar）x。另一种非线性方程是带有n个自变量的非线性方程组：

$$f : Rn\alpha Rn(vector)$$

方程组的解是同时满足所方程$f(x) = 0$的矢量（vector）x。

例如，一个一维非线性方程如下：

$$3x + \sin(x) - \mathrm{e}^x = 0$$

方程的带两位有效数字的近似解为0.36。一个多维非线性方程组如下：

$$3 - x^2 = y$$
$$x + 1 = y$$

方程组的矢量解为[1, 2]和[−2, −1]。

非线性方程和非线性方程组的解法很多。一维非线性方程的解法有：

- 二分法（bisection method）
- 牛顿法（Newton’s method）
- 割线法（secant method）
- 插值法（interpolation method）
- 逆插值法（inverse interpolation method）
- 逆二次插值法（inverse quadratic interpolation，IQI）
- 线性分式插值法（linear fractional interpolation）

非线性方程组的解法有：

- 牛顿法
- 割线法（secant updating method）
- 阻尼牛顿法（damped Newton’s method）
- Broyden法

由于这些方法都是迭代法，所以收敛的速度至关重要。所谓收敛，是指这些方法一开始用近似解，通过不断迭代得到精确解。朝一个解收敛的速度称为收敛速度。收敛速度越快，则获得精确解需要消耗的时间越少。对于一些收敛速度较快的方法，比如牛顿法，初始值的选择至关重要。有些方法可能会因为初始值选择不合适，导致无法收敛。有一些均衡的方法是收敛速度和解的精确程度的折中算法。阻尼牛顿法就属于这类方法。SciPy软件包里面实现了大量的算法来解非线性方程组。可以参考http://docs.scipy.org/doc/scipy-0.14.0/reference/generated/scipy.optimize.newton.html，获取牛顿−拉弗森方法（Newton-Raphson method，即牛顿法）的用法和实现代码。

2.1.3 最优化方法

最优化（optimization）是获取最优可行解的过程。通常，模型的可行解都有一个取值范围，有最大值或最小值。假如我们要估算一个新项目的造价，那么最优解一定会取最小值。假如要评估不同销售策略的利润率，那么最优解一定是利润率最高的销售策略。SciPy有一个优化技术软件包，具体内容可以参考http://docs.scipy.org/doc/scipy/reference/optimize.html。最优化方法在科学与工程领域应用普遍。具体应用场景如下：

- 工程力学
- 经济学
- 运筹学
- 控制工程
- 石油工程
- 分子建模

2.1.4 内插法

在科学与工程领域中，人们经常通过抽样或实验获取大量数据。这些数据点可以看成某个函数一些自变量位置上的值。人们通常需要估计这个函数在样本范围内的某个位置上的值。估计的过程称为*内插法*（interpolation）。通常借助曲线拟合与回归分析方法求解。

例如，自变量x和因变量$f(x)$对应的数值如下。

x	4	5	6	7	8	9	10
$f(x)$	48	75	108	147	192	243	300

通过内插法就可以估计自变量在其他位置的函数值，例如x=7.5或x=5.25，即$f(7.5)$或$f(5.25)$。虽然这组样本的函数非常简单（$f=3x^2$），但它也可能源自某个真实案例。例如，这组数据可能是某家电商企业的网络中心机房的温度。这些温度是在不同的时间点测量的。两次测量之间的时间间隔，既可能是固定不变的，也可能是完全随机的。这个例子中，函数值就变成了不同时间点测量的机房的温度。我们需要估计或者插值计算这一天剩余时间机房的温度。

这组数据的另一个场景可能是，对某个年龄段的用户每天花在Facebook或WhatsApp上的小时数的数量统计。通过这些数据，就可以估计各个年龄段的用户每天花在Facebook或WhatsApp上的时间。

2.1.5 外插法

另一种类似的方法是*外插法*（extrapolation）。通过它的名称可知，这个方法是要估计函数在样本范围之外的值。例如，假设我们已经获得了12岁到65岁各个年龄段的用户每天花费在Facebook或WhatsApp上的小时数。那么估计12岁以下和65岁以上的用户每天花在Facebook或WhatsApp上的小时数就属于外插法的范围了。这是因为自变量的范围已经超出了已知的样本范围。

有许多方法可以解决内插和外插问题。内插法如下所示：

- 分段常数内插法（piecewise constant interpolation）

- 线性内插法（linear interpolation）
- 多项式内插法（polynomial interpolation）
- 样条内插法（spline interpolation）
- 基于高斯过程的内插法（interpolation via Gaussian processes）

外插法如下所示：

- 线性外插法（linear extrapolation）
- 多项式外插法（polynomial extrapolation）
- 锥外插法（conic extrapolation）
- 法国曲线外插法（French curve extrapolation）

2.1.6 数值积分

数值积分（numerical integration）是用数值分析技术求取积分近似值的过程。积分的数值计算过程称为*求积分*（quadrature）。之所以要使用近似方法求积分，是因为有些函数不能通过解析方法求精确解。即使公式存在，它也可能不是最有效的求积分方法。有时我们需要求一个函数的积分值，但只知道其中的一些样本。使用数值积分的方法，就可以为函数的积分获得近似值。这个方法首先对一些已知点进行多项式拟合（polynomial fitting），然后对逼近函数进行积分。在Python中，SciPy程序包提供了积分模块。关于这个模块的具体方法和实现，请参考http://docs.scipy.org/doc/scipy/reference/integrate.html。有许多方法可以解决数值积分问题，如下所示：

- 辛普森法则（Simpson's rule）
- 梯形法则（trapezoidal rule）
- 精炼梯形法则（refined trapezoidal rule）
- 高斯积分法则（Gaussian quadrature rule）
- 牛顿–柯特斯积分法则（Newton-Cotes quadrature rule）
- 高斯–勒让德积分法则（Gauss-Legendre integration）

2.1.7 数值微分

数值微分（numerical differentiation）是利用已知的函数值估计函数导数的过程。数值微分在许多领域都有十分重要的作用。一般的使用场景是，我们没有得到函数的形式，只观察到函数的一些离散值。这时，如果要估计导数，就要关注与函数的导数相关的数值变化情况。为了计算的快速和便利起见，人们往往更喜欢用离散值估计函数的导数，而不是寻找精确解，因为它虽然存在，但是往往很难求解。微分方法经常被用于解决最优化问题。机器学习技术也常常要用到数值微分方法。

一些数值微分方法如下所示：

- 有限差分近似法（finite difference approximation）
- 微分求积法（differential quadrature）
- 有限差分系数（finite difference coefficients）
- 插值微分法（differentiation by interpolation）

2.1.8 微分方程

微分方程（differential equation）是一种描述导数与其函数关系的数学方程式。如果函数是一个物理量，那么导数就是这个物理量的变化率，微分方程就是这个物理量和其变化率的关系。受重力影响的自由落体运动方程通常是用一组微分方程表示的。微分方程的应用范围很广，包括纯数学和应用数学、物理学、工程和其他学科。这些学科都会涉及不同类型的微分方程。

微分方程主要用来对不同的物理、工艺和生物学过程建模。许多情况下，微分方程可能无法直接求解。因此，通常都用数值方法求近似解。物理学的基本法则（如牛顿第二运动学定律和爱因斯坦场方程）和化学的基本法则（如化学反应速率方程），都是通过微分方程得出的。微分方程也可以用于对复杂的生物学行为（生物种群增长模型）和经济学行为（指数增长模型）建模。

微分方程可以分为两类：常微分方程（ordinary differential equations，ODE）和偏微分方程（partial differential equations，PDE）。常微分方程是包含一个自变量的函数及其偏导数的微分方程。偏微分方程是包含多个自变量的函数及其导数的微分方程。多自变量函数的偏导数就是函数对每一个自变量的导数[①]。关于SciPy的微分方程计算功能的详细介绍，可以参考http://docs.scipy.org/doc/scipy-0.13.0/reference/generated/scipy.integrate.ode.html。

解常微分方程的方法如下：

- 欧拉方法（Euler's method）
- 泰勒级数法（Taylor series method）
- 龙格–库塔法（Runge-Kutta method）
- 四阶龙格–库塔法（Runge-Kutta fourth order formula）
- 预估–校正法（predictor-corrector method）

解偏微分方程的方法如下：

- 有限元法（finite element method）
- 有限差分法（finite difference method）
- 有限体积法（finite volume method）

---

① 求导时可以把其他变量看成常量。——译者注

1. 初始值问题

常微分方程的初始值是未知函数在定义域内的某个位置的值。例如$dy/dx=f(x,y)$，其中$y=y_1$，$x=x_1$。

2. 边界值问题

边界值问题是指带约束的微分方程，方程的解必须能够同时满足微分方程的所有约束。这些约束称为边界条件。

2.1.9　随机数生成器

在计算领域，随机数生成器是一种产生不包含任意模式的序列的算法或过程。之所以称为随机数，是因为它们没有任何模式可循。产生的数字基本无法预测。生成随机数的程序与日俱增，也促进了随机数生成方法的发展。这项技术历史悠久，最早的掷骰子、抛硬币和抽扑克，都可以看成是随机数生成器。但是，这些方法都只能产生有限的随机数。

随机数生成器的计算方法应用得十分普遍，例如统计抽样、赌博、随机生成的设计、科学与工程领域的计算机仿真，以及需要不可预测结果的大量其他领域，如密码系统。

随机数生成器主要有两类，真随机数生成器和伪随机数生成器。真随机数生成器通过真实的物理过程生成随机数，例如硬盘的实际读写时间。伪随机数生成器通过计算机算法生成随机数。还有一种随机数生成器通过统计分布生成随机数，例如泊松分布、指数分布、正态分布、高斯分布等。

一些伪随机数生成器如下所示：

- BBS随机数生成器（Blum Blum Shub）
- Wichmann-Hill随机数生成器（Wichmann-Hill）
- 进位–互补–乘法随机数生成器（complementary-multiply-with-carry）
- 反向同余随机数生成器（inversive congruential generator）
- ISAAC随机数生成器（ISAAC (cipher)）
- 滞后斐波那契随机数生成器（lagged Fibonacci generator）
- 线性同余随机数生成器（linear congruential generator）
- 线性反馈移位寄存器（linear-feedback shift register）
- 最大周期（索菲·热尔曼质数）倒数随机数生成器（maximal periodic reciprocals）
- 梅森旋转随机数生成器（Mersenne twister）
- 进位相乘随机数生成器（multiply-with-carry）
- Naor-Reingold伪随机数生成器（Naor-Reingold pseudo-random function）
- Park-Miller随机数生成器（Park-Miller random number generator）
- WELL伪随机数生成器（Well-equidistributed long-period linear）

2.2 Python 科学计算

Python对科学计算的支持，是通过不同科学计算功能的程序包和API建立的。对于科学计算的每个方面，我们都有大量的选择以及最佳的选择。Python科学计算各个方面的可选包如下所示。

2

- **画图**：目前，最流行的二维图制作程序库是matplotlib。还有许多画图包，如Visvis、Plotly、HippoDraw、Chaco、MayaVI、Biggles、Pychart、Bokeh。还有一些画图程序包是在matplotlib的基础上改进功能，如Seaborn和Prettyplotlib。
- **最优化**：SciPy程序包里有最优化模块。OpenOpt和CVXOpt同样具有最优化功能。
- **高级数据分析**：Python可以通过RPy或R/S-Plus接口与R语言配合使用，实现高级的数据分析功能。Python自己的高级数据分析工具就是大名鼎鼎的pandas了。
- **数据库**：PyTables是一种用于管理分层数据库的工具。这个软件包是以HDF5数据库为基础建立的，用于处理较大的数据集。
- **交互式命令行**：IPython是Python的交互式编程工具。
- **符号计算**：Python具有符号计算功能的程序包有SymPy和PyDSTool。本章后面会介绍符号计算方法。
- **专用扩展包**：SciKits程序库为SciPy、NumPy和Python提供了专业化的扩展。SciKits的一些软件包如下。
    - scikit-aero：Python航空工程计算程序包。
    - scikit-bio：提供生物信息学领域的数据结构、算法和教育资源程序包。
    - scikit-commpy：Python数字通信算法程序包。
    - scikit-image：SciPy图像处理程序包。
    - scikit-learn：Python机器学习和数据挖掘程序包。
    - scikit-monaco：Python蒙特卡罗算法程序包。
    - scikit-spectra：建立在Python pandas上的光谱学程序包。
    - scikit-tensor：Python多线性代数和张量分解（tensor factorizations）程序包。
    - scikit-tracker：细胞生物学的目标检测和跟踪程序包。
    - scikit-xray：X射线科学的数据分析工具。
    - bvp_solver：Python求解两点边界问题的程序包。
    - datasmooth：SciKits提供的数据平滑程序包。
    - optimization：Python数值优化程序包。
    - statsmodels：SciPy统计学计算与建模程序包。
- **第三方/非SciKits的软件包/应用/工具**：还有许多软件包/工具应用于不同的科学领域，例如天文学、天体物理学、生物信息学、地球科学等。一些科学领域专用的Python程序包和工具如下。

- Astropy：社区主导的用于支持天文学和天体物理学计算的Python程序包。
- Astroquery：这个程序包是一组用于访问在线天文数据的工具。
- BioPython：这个程序包是用Python进行生物计算的工具包。
- HTSeq：这是用Python进行高通量测序数据（high-throughput sequencing data）分析的程序包。
- Pygr：这是Python中基因测序和对比分析的工具包。
- TAMO：这是Python中利用DNA序列基元进行转录调控分析的应用。
- EarthPy：这是地球科学领域的IPython Notebook案例集合。
- Pyearthquake：进行地震与MODIS（中分辨率成像光谱仪）数据分析的Python程序包。
- MSNoise：这是一种使用环境地震噪声监测地震波速度变化的Python程序包。
- AtmosphericChemistry：对大气化学运作方式进行探测、构造与转换的工具。
- Chemlab：这是一个能够进行化学相关计算的程序库。

2.2.1 NumPy 简介

Python经过扩展可以支持数组和矩阵类型，并且具有大量的函数，可以计算这些数组和矩阵。这些数组是多维的，而这个扩展程序包就是NumPy。NumPy的基本功能实现之后，许多API/工具都在它的基础上建立，包括matplotlib、pandas、SciPy和SymPy。下面来看看基于NumPy建立的那些工具和API。

2.2.2 SciPy 程序库

SciPy是一个为科学家和工程师开发的Python程序库，用来完成科学计算相关的功能。它有许多功能，如最优化方法、线性代数、积分、插值方法、图像处理、快速傅里叶变换、信号处理以及一些特殊函数。它可以解常微分方程以及其他科学与工程问题。它建立在NumPy数组对象的基础上，是NumPy技术栈的重要成员之一。因此，有时NumPy技术栈和SciPy技术栈可以看成是同一个技术栈。

SciPy子程序包

SciPy包括以下子程序包。

- constants：物理常数和转换因子。
- cluster：层次聚类、矢量量化和K-means聚类。
- fftpack：离散傅里叶变换算法。
- integrate：数值积分程序。
- interpolate：插值工具。

- io：数据输入输出。
- lib：Python外部库包装器。
- linalg：线性代数程序。
- misc：附件（例如图像读写操作）。
- ndimage：多维图像处理的各种功能。
- optimize：优化算法，包括线性规划。
- signal：信号处理工具。
- sparse：稀疏矩阵及其相关算法。
- spatial：KD树、RNN（最近邻搜索）算法、距离函数。
- special：特殊函数。
- stats：统计学函数。
- weave：可以把C/C++代码写成Python多行字符串执行的工具。

2.2.3 用 pandas 做数据分析

pandas是一个开源的Python程序库，能够进行高性能的数据处理与分析。使用pandas，用户可以在Python中实现完整的数据分析工作流。而且将pandas、IPython工具包和其他Python程序库组合起来，可以获得非常好的数据分析性能和效率。但是pandas数学功能不足，目前只支持一些简单的回归方法。但是，我们可以从statsmodels和scikit-learn里找到其他功能。pandas可以非常高效地连接与合并数据集，支持丰富的输入输出文件格式，包括直接内存读写、CSV、纯文本、Excel、SQL数据库和HDF5格式。

2.3 IPython 交互式编程简介

IPython可以让Python支持多种语言的交互式编程。IPython原本是一个专为Python编程设计的命令行工具，现在可以支持多种编程语言。IPython具有非常强大的代码自省功能、新的shell语法、命令自动补全、命令历史保存等功能。自省功能是指命令行环境识别不同文字含义（属性、方法以及其他具体细节，例如超类）的一种能力。IPython的一些特性如下所示。

- 支持系统命令行shell和QT版命令行shell。
- 支持浏览器版本的Notebook，可以编写代码、数学公式，以及支持多媒体和图表格式。
- 支持交互式数据可视化与其他图形用户界面。
- 支持高性能的并行计算。

2.3.1 IPython并行计算

IPython对并行与分布式计算的支持非常好，可以满足大规模计算需求。IPython还具有开发、执行、调试和监控并行与分布式计算的能力。IPython支持多种并行方式，如下所示，还支持不同并行方式的混合形式。

- **单程序多数据**（single program multiple data，SPMD）并行
- **多程序多数据**（multiple program multiple data，MIMD）并行
- **消息传递接口**（Message Passing Interface，MPI）
- 任务与数据并行
- 用户自定义方法

2.3.2 IPython Notebook

IPython Notebook是基于网络的交互式编程环境。通过这个环境可以创建IPython Notebook。它可以识别单个用户输入的文字或代码表达式，运行它们，然后把结果返回给用户。这种功能被称为读取-求值-输出循环（read, evaluate, print, and looping，REPL）。在IPython Notebook里，用户还可以使用下面的程序库：

- IPython
- ØMQ（ZMQ）
- Tornado（网络服务器）
- jQuery
- Bootstrap（前端框架）
- MathJax

运行Notebook程序，会在电脑上创建一个局域网服务器，用浏览器就可以打开。IPython Notebook是JSON格式的文档，可以用代码、普通文字[①]、数学运算、图像和图表等形式完成不同类型的计算。IPython Notebook也可以通过网页操作或命令行代码转换成不同的格式，目前支持HTML、LaTeX、PDF、Python等多种格式。

IPython Notebook的程序开发过程如下图所示。首先准备数据，如下图左边所示，然后开发程序并管理版本。程序开发完毕后，还可以导出为不同格式。

① 支持Markdown语法。——译者注

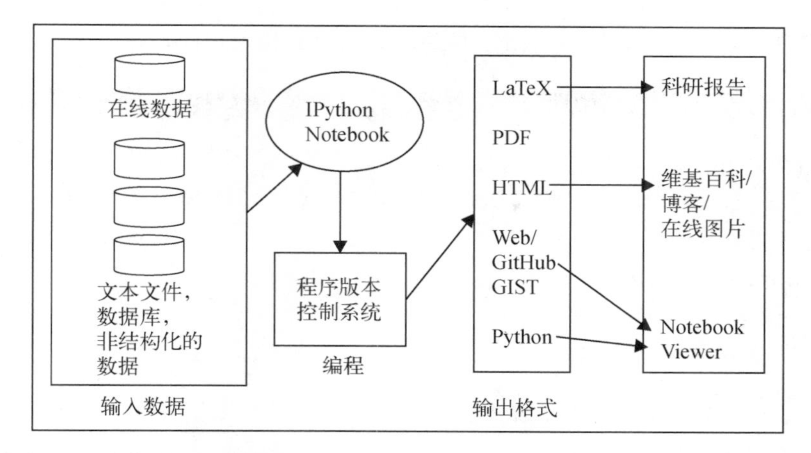

IPython还有一些非常给力的特性。

- 可以与GUI程序库和工具箱实现无缝衔接。IPython可以和许多Python版的GUI工具箱/程序库无缝衔接，如Tkinter、PyGTK、PyQt和wxPython。
- 集群管理：IPython可以通过MPI/异步状态回调信息对集群计算进行管理。
- 类UNIX运行环境：IPython的默认功能与UNIX命令行环境类似，支持客户自定义。

下载源代码

可以从网站http://www.packtpub.com登录你的账户，下载从Packt出版社购买的所有图书的源代码。如果是通过其他途径购买的Packt图书，可以访问http://www.packtpub.com/support，注册一个账户，源代码会发到你的邮箱。

IPython用户界面的截图如下页所示（源自http://ipython.org/notebook.html）。

IPython命令行工具的特性有以下各点。

- **Tab键自动补全**：用户不需要在IPython输入全部代码。只要敲入前面一部分，再按Tab键，IPython就会把剩下的命令自动补全。
- **浏览对象结构**：对象的各种属性都可以通过IPython命令行的自省功能进行检查。
- **魔法函数**：有许多魔法函数可供用户使用。
- **运行与编辑代码**：IPython命令行可以运行并编辑Python脚本。
- **调试**：IPython命令行具有十分强大的调试功能。
- **历史信息**：IPython命令行可以存储历史命令和运行结果。
- **系统命令**：用户还可以使用系统命令。
- **自定义系统命令别名**：用户可以根据自己的需要为系统命令定义别名。
- **配置文件**：IPython环境可以用配置文件进行自定义。

- **启动文件**：用户可以设置IPython会话启动时运行的命令和代码。

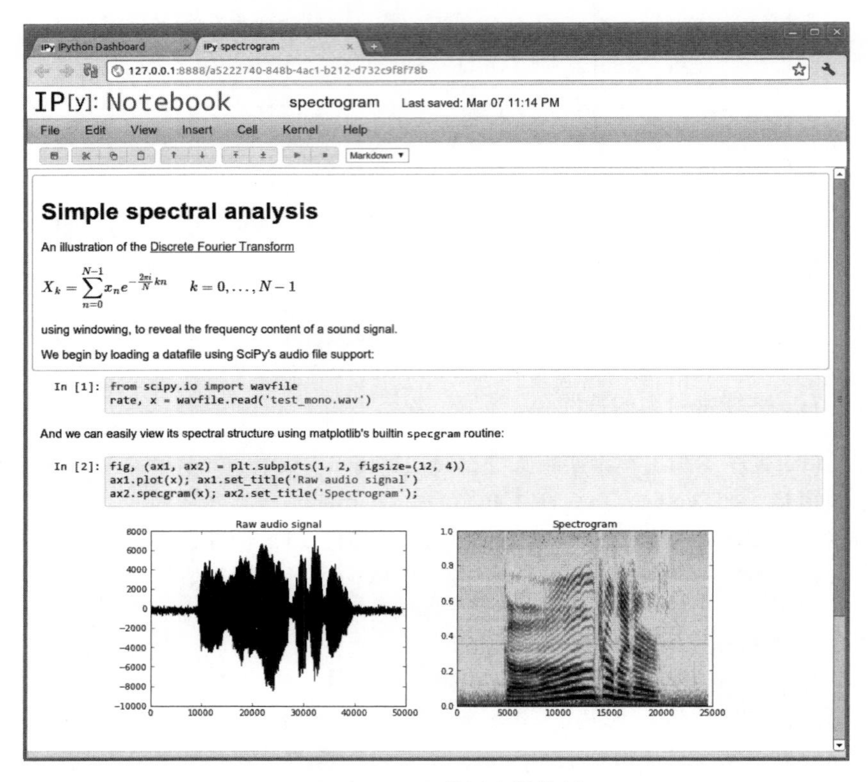

IPython Notebook的用户操作界面

2.4　用 SymPy 进行符号计算

符号计算主要是操作数学对象与表达式。这些数学对象与表达式可以直接表现自己，它们不是估计/近似值。表达式/对象是未经估计的变量，以符合形式呈现。

我们用下面的图来对比普通计算与计算机符号计算的差异。每种计算形式有两个例子。示例A1与示例A2是普通计算示例，示例B1与示例B2是符号计算示例。示例A1与示例A2都有明确的输出结果。让我们再看看示例B1与示例B2的输出结果。示例B1的输出结果是`sqrt(3)`，没有进行数值估计，只是用符号表示。这是因为在符号计算中，如果`sqrt`函数的参数不是一个能够开尽的数[①]，那么它就直接用符号表示结果。另一方面，在示例B2中，输出结果更加简单。这是因为在这个示例中，表达式是可以进一步简化的；`sqrt(27)`可以写成`sqrt (9 × 3)`或`3(sqrt(3)`，

① 能开尽的数则如4、9、16等。——译者注

因此可以简化成3sqrt(3)。

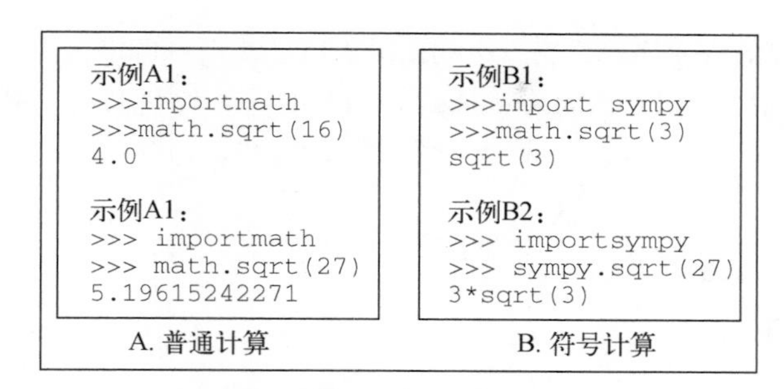

普通计算与符号计算的对比

2.4.1 SymPy 的主要特点

SymPy是一个符号计算程序库，具有各种类型的符号计算能力。它可以简化数学表达式（就像前面看到的sqrt(27)），计算微分、积分与极限，求方程的解、矩阵运算以及各种数学函数。所有这些功能都通过数学符号完成。

下面介绍SymPy的主要特点。SymPy程序库由若干核心能力与大量的可选模块构成。SymPy的主要功能如下所示。

- 核心能力包括基本算术与公式简化，以及模式匹配函数，如三角函数、双曲函数、指数函数与对数函数等。
- 支持多项式运算，例如基本算术、因式分解以及各种其他运算。
- 微积分功能，包括极限、微分与积分等。
- 各种类型方程式的求解，例如多项式求解、方程组求解、微分方程求解。
- 离散数学。
- 矩阵表示与运算功能。
- 几何函数。
- 借助pyglet外部模块画图。
- 物理学支持。
- 统计学运算，包括概率与分布函数。
- 各种打印功能。
- 多种编程语言[①]与LaTeX代码生成功能。

① C、Fortran、JavaScript、Mathematica、MATLAB和Python。——译者注

2.4.2 为什么用 SymPy

SymPy是一个开源的程序库，采用自由的BSD许可证。用户可以自由调整源代码。这在其他软件中都不能实现，例如Maple和Mathematica。SymPy的另一个优势是，其设计、开发与执行都是在Python中。对Python开发者来说，这是一个额外的优势。与其他工具相比，这个程序库具有高度的扩展性。

2.5 画图程序库

Python的话题程序库是matplotlib。它提供了一个面向对象的API，让用户可以在用各种Python的GUI工具箱开发的应用程序中增加图表。SciPy/NumPy都使用matplotlib绘制数组的二维图。matplotlib的设计理念是简化画图功能，用户调用极少的函数就能轻松地创建各种图形，有时甚至只需要调用一个函数。还有一些专业的工具箱/API扩展了matplotlib的功能。这些工具中，有些是与matplotlib绑定在一起的，有些需要单独下载。matplotlib的部分扩展API如下。

- Basemap，绘制地图的工具箱。
- Cartopy程序包，让地图数据分析与可视化更加简单。
- Excel工具，可以让matplotlib与Excel进行数据交互。
- Qt与GTK+开发接口。
- mplot3d，可以绘制三维图。

下面的图表中演示了用matplotlib绘制的不同图形。这些截图都源自matplotlib网站（http://matplotlib.org/users/screenshots.html）。

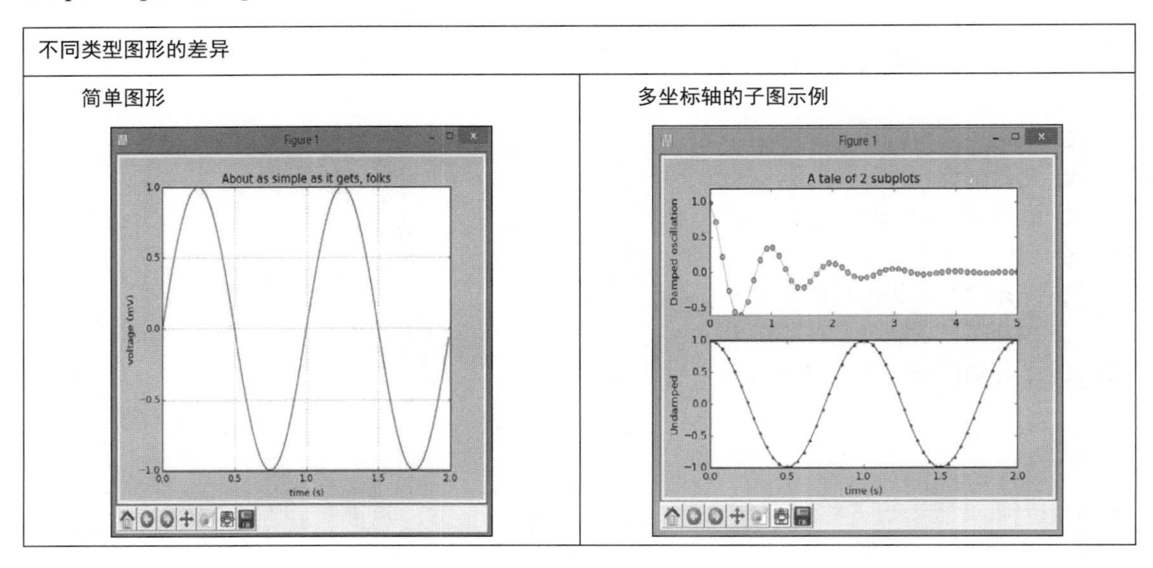

频率直方图

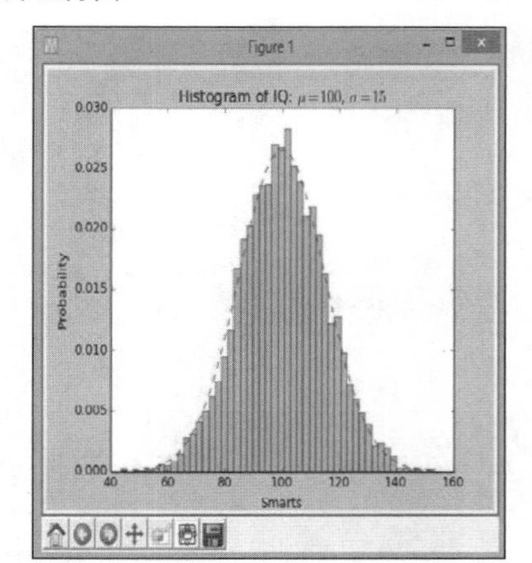

路径示例

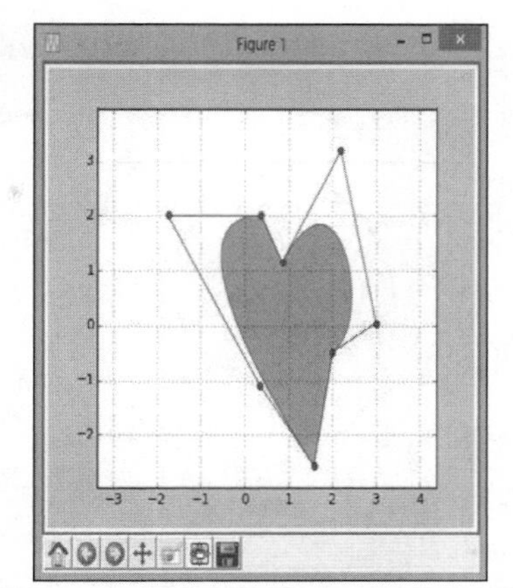

mplot3d：三维图

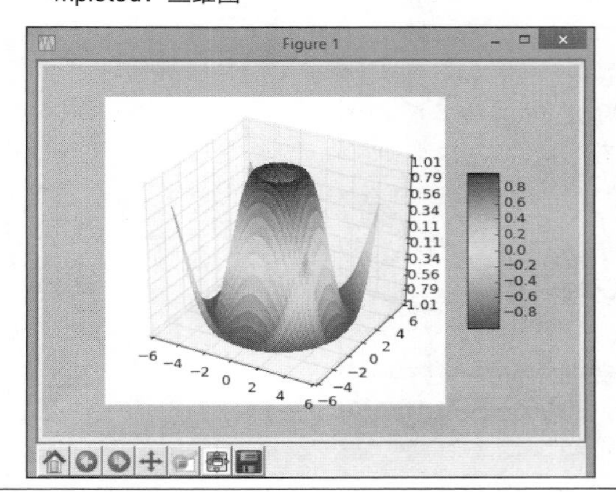

流向图：矢量场的流向曲线图

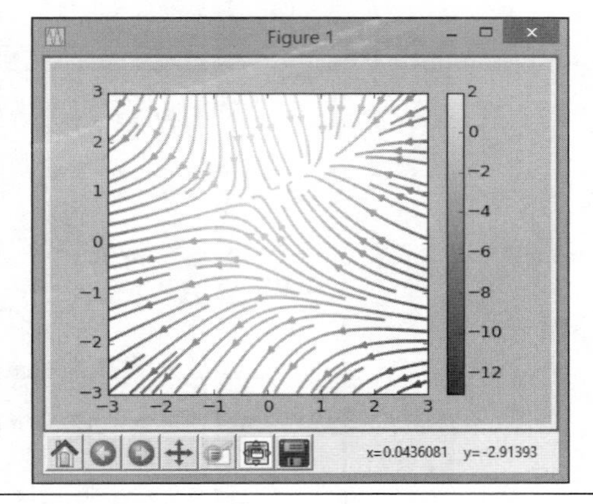

条形图

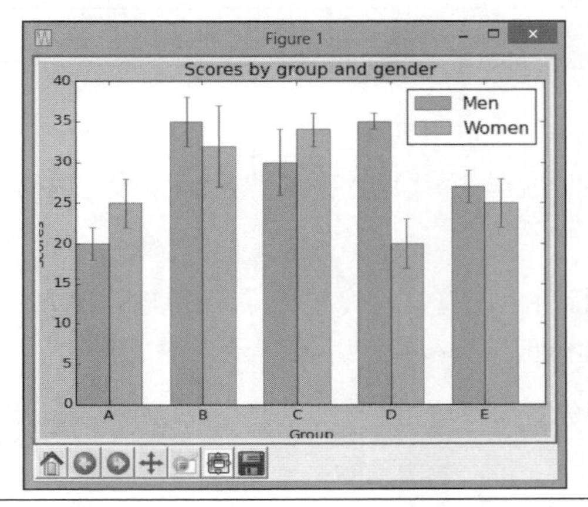

饼图

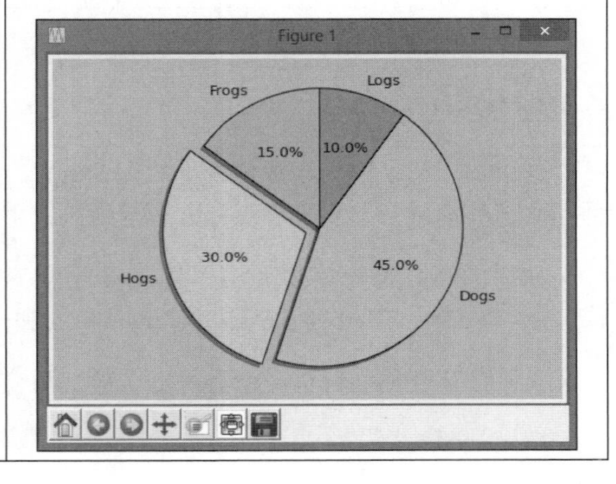

极坐标图	对数函数图
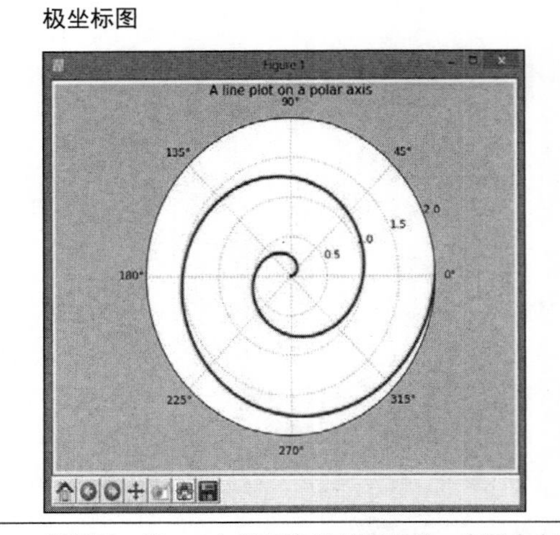	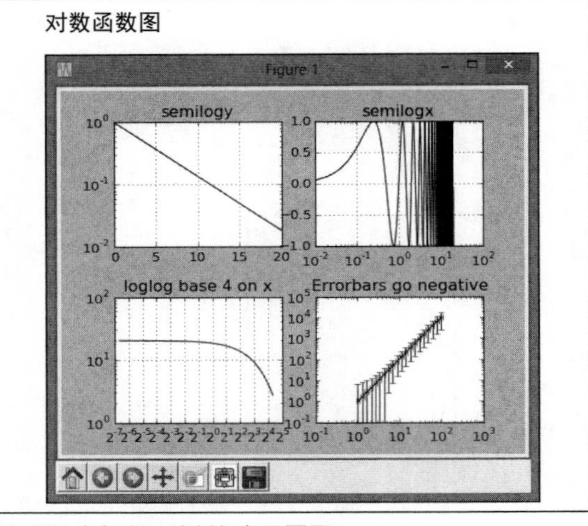

股票图：将matplotlib不同的绘图函数、布局命令和标签工具组合起来，绘制复杂股票图

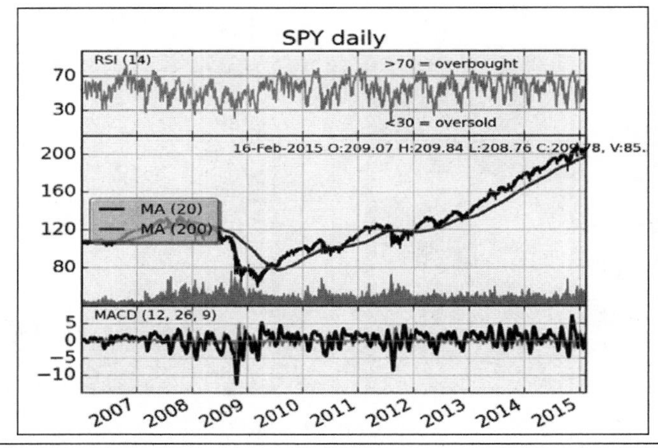

2.6　小结

这一章介绍了数学与数值分析的许多概念，包括线性与非线性方程组、最优化方法、内插法、外插法、数值微分与积分、微分方程与随机数生成器。

本章的第二部分简要介绍了用Python语言进行科学计算的程序包/工具箱/API，还介绍了NumPy、SciPy、IPython、SymPy、matplotlib和pandas的功能与特性。

下一章将介绍如何为科学计算准备数据与管理数据。

第3章 有效地制造与管理科学数据

这一章介绍科学计算数据。首先介绍数据的基本概念，然后介绍管理数据与对数据进行不同操作的各种工具箱，之后介绍生成模拟数据的不同数据格式和基于随机数的技术。

这一章将介绍以下主题：

- 数据、信息与知识的基本概念
- 各种数据存储软件与工具的概念
- 可以对数据进行的操作
- 科学数据的标准格式
- 现成的数据集
- 用随机数生成模拟数据
- 大规模数据集简介

3.1 数据的基本概念

*数据*是关于实体的真实情况和数字的原始和未经梳理的形式。任何未经梳理/原始的数量与数值，比如一系列数字或字符，只要能够表示真实世界中的概念、现象、对象和实体，就可以视为数据。数据没有时空限制，任何地方都有数据。

数据可以被转换成信息，可以用于实现其所在组织的目标。当数据被赋予某种属性时，它就成了信息。准确及时的数据，如果按照特定的目的加以组织和准备并在特定的场景中展示出来，就可以称为信息。这样就为数据赋予了意义与实用性。

再加上专业经验，数据与信息就可以转换成知识。知识需要与具体问题相关的大量数据处理经验，例如商品定价与天气预测。

现在，让我们研究一个关于数据、信息与知识的科学案例。79°F显然只是一个温度计读数，是数据。如果为这个读数增加一些细节，例如这个温度是印度孟买印度门2015年3月3日下午5点30分的温度，那它就是信息了。根据多个年份某一周的每小时温度读数，预测下一年同一周的温度就是知识。类似地，根据印度北部过去两天下大雪的信息，预测印度中部的气温将下降几度就是知识。数据、信息与知识的关系如下图所示。这个过程是先从实验中收集数据，再从数据中提取信息，最后对信息进行细致的分析，从中获取知识。

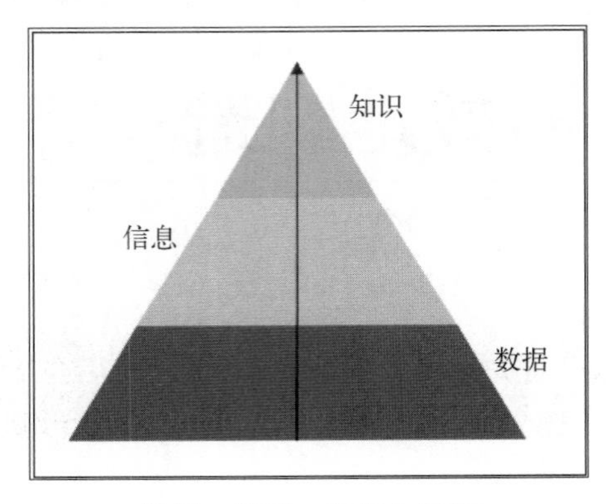

数据、信息、知识金字塔

3.2 数据存储软件与工具箱

计算机科学的概念日新月异，存储数据的软件和工具也在快速进化。目前，市面上有许多存储数据的软件和工具箱。主要有两类数据存储软件与工具箱，在每一类中还有一些子类。用于管理与存储数据的软件与工具箱分类如下图所示。

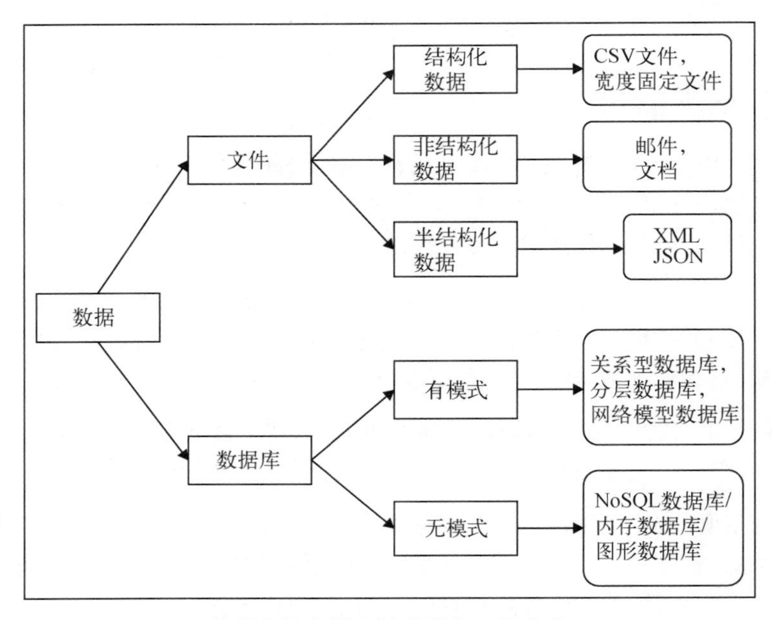

数据存储与管理的软件与工具分类

3.2.1　文件

第一种存储数据的软件与工具类型是不同格式的纯文本。纯文本文件又可以分为结构化文件与非结构化文件两种子类型。结构化文件是指按照预先设定好的固定格式存储数据。而在非结构化文件中，数据存储没有预先设定的格式。通常，这两种类型的文件都可以存储文本数据，而在一些特殊的科学软件程序中，还可以存储图像、音频、视频和其他非文本数据。

1. 结构化文件

结构化文件的一个例子是逗号分割值（comma-separated values，CSV）文本文件。在这类文件中，数据字段是通过逗号或分隔符进行区分的。分隔符可以是任字符或符号。分隔符最好不要使用存储数据中已有的符号。假如要存储财务数据，那么逗号就不适合作为分隔符。

3

例如下面的CSV文件：`H.K. Mehta, 08-Oct-1975, Higher Education department, 50,432`。

这条记录中包含姓名、出生日期、部门名称和工资。对于这个CSV文件，空格、点号（.）、逗号（,）、连字符（-）都不适合作为分隔符。如果我们选择其中之一——空格、点号、逗号或连字符——作为分隔符，那么逗号会把工资分割成两个数值，连字符会把出生日期分割成三个值，点号（.）会把姓名分割成三个值，空格会把部门名称分割成三个值。对于这条记录，分隔符可以是其他符号，例如问号（?）和管线命令（|，竖杠）。通常，在商务数据中，管线命令（|）是最常用的分隔符。

宽度固定文件（fixed-width file）是另一种结构化文件。在这类文件中，每个字段的宽度是预先设定好的，一直会保持不变。如果某个记录中的一个字段宽度比固定值小，就补空格直到达到固定宽度；如果比固定值大，就截断以满足宽度要求。

2. 非结构化文件

非结构化文件的例子包括网络服务器日志文件、图书、期刊和电子邮件。这类文件包括文本与非文本数据。文本数据是指可以用某种字符编码原则表示的数据，例如美国信息交换标准码（American Standard Code for Information Interchange，ASCII）和Unicode码。数据存储文件还有另一种类型，称为半结构化文件。这类文件不具备关系型数据库使用的常规格式。半结构化数据通过标签和其他标记区分字段，为标签赋予适当含义，从而创建记录或字段。这类数据的典型例子是XML和JSON格式。这些数据格式的优点是具有语言和系统平台独立性。因此，操作结果不会随语言与系统平台的变化而改变。

3.2.2　数据库

第二类数据存储产品是数据库。除了文件，还有许多数据库可以存储计算用的数据。数据库也可以按照有无模式分为两类：基于模式的数据库和无模式的数据库。基于模式的数据库是传统数据库，需要用户在存储数据前先创建数据对象的结构。而无模式的数据库是大型数据库领域的新方向，致力于满足大型应用程序的数据存储需求。基于模式的数据库包括MySQL、Oracle、MS SQL Server、Postgres等，无模式的数据库包括MongoDB、HBSE和Cassandra等。

3.3 常见的数据操作

除了数据存储之外，想要高效地管理与使用数据，还要执行很多操作。

- **数据耕耘**（data farming）：利用高性能计算方法对大型数据库进行多次仿真的过程称为数据耕耘。数据耕耘的输出结果可以对数据的表层特征与深层特征进行全面的描述，它可以辅助决策制定过程。数据耕耘是一个多学科交叉的领域，包括高性能计算、数据分析与可视化以及大型数据库。
- **数据管理**：数据管理是一个广泛的概念，由许多数据操作组成，如下所示。
  - **数据治理**（data governance）：这是数据管理的主要控制部分，目的是保证输入数据满足模型需要的标准格式。数据处理可以通过手工或自动化流程进行控制。
  - **数据架构、分析与设计**：数据架构包括数据采集所需的各种模型、流程、算法、规则与标准，以及数据存储的结构、数据集成的方法等。制定数据清洗与转换流程的相关分析与设计原则，对整个项目都是有益的。
  - **数据库管理**：数据库管理是一个涉及多项活动的复杂任务，包括数据库的设计与开发，数据库监控，系统整体监控，数据库性能改善，数据库能力提升与扩展计划的制定，数据安全的计划、实施与维护等。
  - **数据安全管理**：这包括数据安全的相关管理活动，包含接入权限的管理、数据私密性管理以及其他与数据安全相关的内容（例如数据清洗/清除、加密、覆盖与备份）。
  - **数据质量管理**：这是与数据质量改善相关的任务，包括许多操作，如下所示。
    - 数据清洗，对有错误或不准确的数据（即不干净的数据）进行检验与校正。
    - 数据完整性（data integrity）检验，确保不同时期与不同处理阶段的数据是准确一致的。
    - 数据质量增强（data enrichment），对数据进行精炼与增强，剔除数据中的拼写与印刷错误，改进数据质量。例如，任何时候已获取的分数都不可能超过可能的最高分。这时，我们必须改正那些分数比最高分还高的数据库记录。
    - 数据集成（data integration），是一个复杂的流程，需要丰富的经验，因为它需要将多个数据源的数据转换成统一格式，并组合在一起，而且转换过程不能影响数据的意思。
  - **数据仓库管理**：数据仓库管理包含数据集市的准备工作、数据挖掘与各种数据处理相关操作的实现，例如数据抽取、转换与加载（extraction, translation, and loading，ETL）操作。

- **元数据管理**：这是对存储在数据库中的数据属性进行管理的过程。这些数据称为元数据（metadata）。元数据包括存储数据的描述、数据创建与修改的具体时间、数据的所有者、物理设备的位置以及其他相关细节。

- **数据输入与输出**：任何一种应用程序都包括许多重要的操作，无论是商业产品还是科学产品。一般情况下，在进行输入与输出操作时必须小心谨慎。用户从应用程序中输出或导入数据时，需要考虑应用程序自身的特性。因此，需要使用恰当的数据格式。
- **科学数据存档**：这个过程是指，根据应用程序和组织制定的策略中关于科学家应该存储多少数据，以及数据的接入权限等级管理的相关内容，对科学数据进行存档，以备长期使用。

3.4 科学数据的格式

Python的科学数据存储有多种格式/形式。通常，大多数的科学计算API/语言/工具包支持这些数据格式的输入和输出。这些格式中比较常用的如下所示。

- **网络通用数据格式**（Network Common Data Form，NetCDF）：它是一种自描述、与机器/设备/平台无关、基于矩阵的科学数据格式，同时也是支持创建、访问和共享这一数据格式的函式库。它通常被捆绑于一系列的软件库中来生成和操作。通常，这种格式被用于天气预报、气候和气象上的气候变化、海洋学和GIS应用等领域。大部分GIS应用都支持NetCDF格式作为输入和输出格式，并且NetCDF还用于科学数据交换。

  该格式源于美国大气科学研究大学联盟（University Corporation for Atmospheric Research，UCAR）的Unidata项目，该项目的主页由他们建设。它的网址是http://www.unidata.ucar.edu/software/netcdf/docs/faq.html。该网页对NetCDF有如下描述：

  > “网络通用数据格式（NetCDF）是一组对矩阵式数据接入和C语言、Fortran、C++、Java等语言的自由分发数据接入库的集合的接口。NetCDF库支持一种与机器无关的格式来表示科学数据。因此，接口、库和格式支持科学数据的生成、获取和分享。”

- **HDF**（Hierarchical Data Format，分层数据格式）：这是一组文件格式，已演变出不同的版本（HDF4和HDF5）。HDF格式指一种为存储和处理大容量科学数据设计的文件格式及相应库文件。HDF最早由美国国家超级计算应用中心（NCSA）开发，目前在非盈利组织HDF小组的维护下继续发展。该小组确保HDF5格式的进一步发展和相关的工具/技术的发展。HDF现在受到众多商业与非商业平台的支持，包括Java、MATLAB/Scilab、Octave、IDL、Python和R。

- **FITS格式**（Flexible Image Transport System，普适图像传输系统）：这是一种可用于存储、传输、操作科研或其他用途图片的一种数据文件格式。这种格式广泛用于天文学领域。它有好几种方式描述和元数据一起存储的光度学和空间校准信息。FITS格式的第一次标准化出台于1981年。该标准最近的版本发布于2008年。FITS也可以用于存储非图像数据，如光谱、数据立方甚至是数据库。FITS还有一个重要的特征，那就是该格式的新版本总是后向兼容的。另一个重要特征是，文件中的元数据用人类可读的ASCII码存储于头文件中。这有助于用户分析文件并理解存储于其中的数据内容。
- **波段交叉数据/波段交叉格式**（Band-Interleaved Data/Band-Interleaved Files）：它们是二进制格式。这意味着数据被存放在非文本文件中，通常这种数据格式用于遥感和高端GIS。这些文件有两种子类型，分别是*波段按行交叉格式*（Band Interleaved by Line，BIL）和*波段按像元交叉格式*（Band Interleaved by Pixel，BIP）。
- **通用数据格式**（Common Data Form，CDF）：这是一种存放标量和与平台无关的多维数据的数据格式。因此它被用于存放科学数据，也是一种很受研究人员和机构欢迎的数据交换格式。*空间物理数据辅助系统*（Space Physics Data Facility，SPDF）提供了一个CDF软件工具，作为*戈达德太空飞行中心*（Goddard Space Flight Center，GSFC）操作数据的工具。CDF还提供了支持各种编程语言、工具和API的良好接口，包括C、C++、C#、Fortran、Python、Perl、Java、MATLAB和IDL。

各种科学数据格式有一些共同的特征，举例如下。

- 这些格式支持顺序访问和随机访问数据。
- 它们都用于有效地存储大量的科学数据。
- 这些数据格式包括支持自我描述能力的元数据。
- 这些格式默认支持调用对象、网格、图像和N维数组。
- 这些格式是不可更新的。用户可以在最后添加数据。
- 它们都支持机器可移植性。
- 它们中的大部分格式都是标准化的。

这里讨论的数据格式可用于存储任意主题和其子域的数据。另外还有一些为特定主题专门设计的数据格式。下面列举了这些数据格式。这里没有给出这些数据格式的详细描述，读者可以参考它们的原始。

- 用于天文学领域的数据格式
  - FITS：FITS天文学数据和图像格式（.fit或.fits）
  - SP3：GPS和其他卫星轨道（.sp3）
- 用于存储医学图像数据的格式

- DICOM：DICOM标注医学图像（.dcm，.dic）

❑ 用于医学和生理学数据的格式

- Affymetrix：Affymetrix数据格式（.cdf，.cel，.chp，.gin，.psi）
- BDF：BioSemi数据格式（.bdf）
- EDF：欧洲数据格式（.edf）

❑ 用于化学和分子生物学的数据格式

- MOL
- SDF
- SMILES
- PDB
- GenBank
- FASTA

❑ 用于地震学（与地震相关的科学和工程）的数据格式

- NDK：NDK地震学数据格式（.ndk）

❑ 用于天气数据的格式

- GRIB：GRIB科学数据格式（.grb，.grib）

3.5　现成的标准数据集

一些政府、协作组织和研究机构致力于不断地开发和维护不同主题和主题下不同领域的标准数据集。这些数据集可以供公众免费下载，或者离线工作，又或者利用这些数据集进行在线运算。一个这样重要的项目叫作*开放科学数据云*（Open Science Data Cloud，OSDC），它在每一个主题下都有几个数据集。现在可以获得各个开源数据源的清单了。可以通过它们的网站入口https://www.opensciencedatacloud.org/publicdata/来获取。OSDC里的一个主题数据集列表如下。

❑ 农业

- 美国农业部植物数据库

❑ 生物

- 1000个基因组
- 基因表达数据库GEO
- MIT癌症基因组数据
- 蛋白质数据银行

- 气候/天气
  - 澳大利亚天气
  - 加拿大气象中心
  - UEA的气候数据（每月更新）
  - 自1929年的全球气候数据
- 复杂网络
  - 交叉引用的DOI URLs
  - DBLP引用数据集
  - NIST复杂网络数据集
  - UFL稀疏矩阵集
  - WSU图数据库
- 计算机网络
  - 来自Common Crawl 2012年的3.5 B的网页
  - 印第安纳大学100 000个用户53.5 B的网页点击信息
  - CAIDA互联网数据集
  - ClueWeb09的1 B网页
- 数据竞赛
  - 机器学习中的挑战
  - 关于社会福利的DrivenData竞赛
  - （自2009年的）ICWSM数据挑战
  - Kaggle竞赛数据
- 经济
  - 美国经济协会（AEA）
  - UMD的EconData
  - 网络产品编码数据库
- 能源
  - AMPds
  - BLUEd
  - Dataport
  - UK-Dale
- 财经

- CBOE未来交易
- 谷歌财经
- 谷歌趋势
- NASDAQ

❑ 地理空间/GIS

- BODC——大约22 000变量的海洋数据
- GitHub上的剑桥、马萨诸塞州、美国、GIS数据
- EOSDIS——NASA的地球观察系统数据
- ASU的地理空间数据

❑ 医疗

- EHDP大型健康数据集
- Gapminder世界人口数据库
- 美国医疗覆盖数据库（MCD）
- 医疗数据文件

❑ 图像处理

- 2 GB的猫的图片
- 图片的情感分类
- 人脸识别基准
- MIT的大规模视觉记忆刺激
- MIT的SUN数据库

❑ 机器学习

- 查询歌手资料的月度数据
- eBay线上交易数据（2012）
- IMDb数据库
- 用于分类、回归和时间序列的Keel数据仓库
- 百万歌曲数据集

❑ 博物馆

- Cooper-Hewitt的收藏数据库
- 明尼阿波利斯艺术博物馆的元数据
- Tate收藏元数据
- Getty艺术专业名词

- 自然语言
  - Blogger语料库
  - ClueWeb09 FACC
  - 谷歌图书Ngrams（2.2 TB）
  - 谷歌网页5gram（2006年1 TB）
- 物理
  - CERN开放数据入口
  - NSSDC（NASA）550个航天器数据
- 公共领域
  - CMU的JASA归档数据
  - UCLA的SOCR数据集
  - UFO报告
  - WikiLeaks的关于911的窃听信息
- 搜索引擎
  - UMB上分享数据的学术种子
  - 互联网归档信息中的Archive-it
  - DataMarket（Qlik）
  - Statista.com——统计和研究
- 社会科学
  - CMU的Enron 150个用户的电子邮件数据集
  - 来源于LAW的Facebook社交网络（始于2007年）
  - 2010年和2011年的Foursquare社交网络数据
  - 2013年UMN/Sarwat的Foursquare数据
- 运动
  - Betfair历史交换数据
  - Cricsheet棒球比赛数据
  - 1950年至今的Ergast一级方程式赛车数据（API）
  - 美式足球/英式足球资源（数据和API）
- 时间序列
  - MU的时间序列库（TSDL）

- UC河滨时间序列数据集
- 硬盘驱动失败率

- 交通
  - 1987年至2008年的航空OD数据
  - 自行车分享系统（BSS）数据集
  - 湾区自行车分享数据
  - 马萨诸塞州的Hubway百万骑行数据
  - 海洋交通——船舶轨道、港口停靠等数据

3.6 数据生成

在一些应用中，如果用户没有现成的可用于计算的数据，那么在做计算之前就需要生成数据。数据可以用三种方法来生成：人工收集、仪器收集或通过计算机模拟（对于一些特定的应用）。

有一些应用的数据必须是人工收集的。例如，如果一个应用需要人体的生物学数据，那么可能得通过人工建立一个数据集来获得数据，而该数据集则通过采集志愿者的生物学数据来建立。这样的数据必须人工收集，无法通过电脑或仪器生成。对于这个特定的应用，用户还可以从政府部门的数据库获得数据，比如签证处理过程中收集的生物学信息，或者美国政府的个人注册数据库，又或者是印度唯一身份项目（ADHAAR）收集的数据。

对于一些特定的实验，数据可以通过一些仪器生成，这些仪器提供了用户感兴趣的指标示数。例如，与天气相关的数据可以用下列仪器生成：我们可以在不同地点放置一定数量的温度计，并周期性地收集它们的读数。用一些专用传感器，我们可以收集天气相关或健康相关的数据。例如，心率和血压相关的信息可以用戴在人身上的智能腰带或智能手表来收集。这些设备中的内置GPS系统将会周期性地用推或拉的方法收集信息。

模拟数据可以用于需要数值或文本数据的实验中，因为这些数据可以不需要特定的仪器而在电脑上直接生成。可以用一个程序生成满足预定义约束条件的数据。为了生成文本数据，可以利用已有的包含文本信息的离线文本数据或线上的网页数据，生成用于处理的新的数据样本。例如，文本挖掘和语言学处理有时需要文本样本数据。

3.7 模拟数据的生成（构造）

这一节将讨论生成模拟数据的各种方法。还将给出一个用泊松分布生成随机数的算法，以及这个算法的Python实现。此外，我们将探索不同的文本数据模拟的方法。

3.7.1 用 Python 的内置函数生成随机数

Python有一个叫作随机数的模块，该模块可以实现基于各种统计分布的伪随机数生成器。这个模块包括各种随机类型的函数，例如整数、序列、列表的随机排列，以及从预定义的总体中生成随机样本。Python的随机数模块支持用各种统计分布生成随机数，包括均匀分布、正态分布（高斯分布）、对数正态分布、负指数分布、伽马分布和贝塔分布。Python提供了冯·米塞斯分布（von Mises distribution），可以生成随机角度的均匀分布。Python的大部分随机数生成器模块取决于`random()`基本函数。这个函数在半开区间[0.0, 1.0)生成随机浮点数。

梅森旋转（Mersenne Twister）是Python中的主要随机数生成器。它能够生成53位精确的随机浮点数字，周期可达到2**19937–1。它的底层用C语言实现，所以线程安全并且速度快。它是最易扩展和测试的随机数生成器之一。但是它并不是适用于所有的应用，因为它是完全确定的。因此，它不适用于安全相关的计算。随机数模块还提供了一个`SystemRandom`类，这个类用操作系统自带的`os.urandom()`函数生成随机数。这个类可为加密目的，生成随机数。

随机模块的函数是隐藏在`random.Random`类中的已绑定方法。另外，用户可以拥有自己的`Random`类实例。好处就是这个实例并不共享状态。此外，如果用户要求生成一个新的随机数生成器，那么这个类也可以被扩展/继承来生成一个新的`Random`子类。在这种情况下，用户可以改写五种方法：`getstate()`、`jumpahead()`、`random()`、`seed()`和`setState()`。

让我们继续看看Python随机数模块的各种内置函数。这些函数在下文中将分别进行介绍。

1. 记账函数

随机数模块的各种记账函数如下。

- `random.seed(a=None, version=2)`：这个函数初始化随机数生成器。如果用户将整数值传给`a`，那么这个值就是初始值。如果没有值传给`a`或者指定`a`的值是`None`，那么此刻的系统时间会被当作`seed`的值。如果操作系统支持随机资源，那么这些随机资源可以用作`seed`值，而不用系统时间。
- `random.getstate()`：这个函数返回一个对象，该对象表示随机数生成器当前的内部状态[①]。这个对象可以用`setstate()`函数恢复到同样的状态。
- `random.setstate(state)`：状态值必须是从`getstate()`函数调用中获得的对象。然后`setstate`恢复生成器的内部状态到当`getstate()`被调用时的状态。
- `random.getrandbits(k)`：这个函数返回一个长度为`k`位（比特）的随机长整型数据。这个函数还包括`MersenneTwister`生成器和其他几种可选的生成器。

① 保存起来可以降低后续随机数重复的概率。——译者注

2. 整型随机数生成器函数

用于返回整型随机数的不同函数如下。

- random.randrange(stop)或random.randrange(start, stop[, step])：这种方法从给出的元素中返回随机选择的元素。它的参数含义如下：start是范围的起始值，该起始值包括在该范围内；stop函数是范围的终点，该终点不包括在该范围内；step表示相加的步长值以确定随机数值。
- random.randint(a,b)：这个函数返回一个在a到b范围内的整型值。

3. 随机序列生成器函数

用序列操作来生成一个新的随机序列或子序列的各种函数列举如下。

- random.choice(seq)：该函数返回一个非空的seq序列中的随机元素。seq字符必须是非空的。如果seq是空的，那么该函数会报错/抛出异常，即IndexError。
- random.shuffle(x)：该函数混合x序列里的所有元素。混合意味着各元素的位置将在列表变量中变化。
- random.sample(population, k)：这个函数返回一个总体中的k位长的唯一随机元素列表。总体必须是一个序列或集合。这个函数通常用于没有替换的随机抽样。此外，总体的各元素必须被复制，每个元素被选出组成一个列表的可能性是均等的。如果样本的大小比总体的大小k还要大，那么就会报出ValueError异常。

4. 基于统计分布的函数

有很多可以用于各种场景的统计分布。为了支持这些场景，随机数模块包括了各种统计分布的函数。下面是基于统计分布的随机数生成器。

- 随机数生成器函数（random.uniform(a, b)）：这个函数返回a至b区间的一个随机浮点数*N*。选择a至b区间的每一个随机数的概率都是一样的。
- random.triangular(low, high, mode)生成器：这个函数返回服从low <= *N* <= high的三角分布的一个随机浮点数*N*。low与high是数值的边界，mode保持在边界内。默认情况下，边界最小值是0，最大值是1，mode是最大值与最小值的中点。
- random.betavariate(alpha, beta)生成器：这个函数返回一个0至1区间的随机数，该随机数满足参数alpha(α)>0和beta(β)>0条件下的贝塔分布。
- random.expovariate(lambd)生成器：这个函数返回一个基于指数分布的随机数。参数lambd(λ)的值必须是非零。如果lambd的值是正的，它返回0至正无穷大区间的值；如果lambd的值是负的，那么返回负无穷大到0区间的值。这个参数特意命名为lambd，因为在Python中lambda是一个保留字。
- random.gammavariate(alpha, beta)生成器：这个函数基于伽马分布生成随机数，该随机数满足参数条件alpha(α)>0和beta(β)>0。

- random.normalvariate(mu, sigma)生成器：该生成器基于正态分布生成随机数。这里mu(μ)是均值，sigma(σ)是标准差。
- random.gauss(mu, sigma)生成器：该函数利用高斯分布生成随机数。这里mu(μ)是均值，sigma(σ)是标准差。与正态分布相比，该函数更快。
- random.lognormvariate(mu, sigma)生成器：这里用对数正态分布生成随机数。以自然数为底的该分布与正态分布等价。同样，这里mu(μ)是均值，sigma(σ)是标准差。并且mu可以是任意值，而sigma必须大于0。
- random.vonmisesvariate(mu, kappa)生成器：该函数用冯·米塞斯分布返回随机角度值。这里mu是角度的均值，范围在0至2*pi之间。kappa(k)是浓度参数（大于等于0）。
- random.paretovariate(alpha)生成器：该函数服从帕累托分布生成随机变量。这里alpha是形状参数。
- random.weibullvariate(alpha, beta)生成器：该函数用Weibull分布生成随机数。alpha是标量参数，beta是形状参数。

5. 不确定的随机数生成器

除了以上讨论的随机数生成器函数，还有一个可选的随机数生成器。该生成器被用于随机数生成器必须是不确定的情况，例如密码学和安全领域。该生成器是random.SystemRandom([seed])类。该类用操作系统提供的os.urandom()函数生成随机数。

下面的程序展示了上述提到的函数的运用。函数调用的输出也展示出来了。简便起见，我们只用到以下函数：

- random.random
- random.uniform
- random.randrange
- random.choice
- random.shuffle
- print random.sample
- random.choice

程序如下：

```
import random
print random.random()
print random.uniform(1,9)
print random.randrange(20)
print random.randrange(0, 99, 3)
print random.choice('ABCDEFGHIJKLMNOPQRSTUVWXYZ') # 输出'P'
items = [1, 2, 3, 4, 5, 6, 7, 8, 9, 10]
```

```
random.shuffle(items)
print items
print random.sample([1, 2, 3, 4, 5, 6, 7, 8, 9, 10], 5)
weighted_choices = [('Three', 3), ('Two', 2), ('One', 1), ('Four', 4)]
population = [val for val, cnt in weighted_choices for i in
range(cnt)]
print random.choice(population)
```

我们来讨论每个函数调用的输出。第一个函数random返回任意大于0小于1的浮点随机值。uniform函数返回给定范围内的均匀分布随机值。randrange函数返回一个给定范围内的随机整型值。如果第一个参数被忽略的话，那么该参数会被默认为0。因此对于randrange(20)，其范围是0~19。

现在来讨论与序列相关的函数输出。choice函数返回一个列表的随机选择值。在上面的例子中有26种选择值，而返回的值是p。shuffle函数的输出很明显，而且正如预期，其中的一些值被混合重排。sample函数选择给定大小的一个随机样本。在上面的例子中，sample的大小是5，因此随机样本有5个元素。上面程序的最后三行执行的是用一个给定的概率选择一个随机值的函数。这也是为什么choice函数被称作权重选择，因为每个选择都被赋予了一个权重。

3.7.2 基于统计分布的随机数生成器的设计和实现

本节将讨论泊松分布的算法设计和Python实现。这将有两方面的好处：一是你可以学习一个新的基于统计分布的随机数生成器的设计和实现，二是在随机模块中并不包含这个函数，所以用户也可以用到这个新分布。对于一些特定的应用，一些变量会采用泊松随机值。例如，考虑在操作系统进程调度中的调度算法。为了模拟进程调度，我们假设进程的到达遵循泊松分布。

有一些场景是可以应用泊松分布的，举例如下。

- 互联网的流量模式服从泊松分布。
- 呼叫中心接收到的呼叫数量服从泊松分布。
- （有两个队参与的）曲棍球或足球比赛项目中的进球数服从泊松分布。
- 操作系统中的进程到达时间。
- 对于一个年龄段的群体，其每年的死亡率服从泊松模式。
- 在给定时间段内股票价格的下降次数。
- 对于给定片段的DNA做辐射，突变的数量服从泊松分布。

泊松分布的算法实现在高德纳的《计算机程序设计艺术（卷2）》[①]中给出了，其代码如下：

```
algorithm poisson_random_number (Knuth):
    initializations:
        L = e-λ
```

① 此书中文版已由人民邮电出版社出版。——编者注

```
        k = 0
        p = 1
    do:
        k = k + 1
        u = uniform_random_number (0,1)
        p = p × u
    while p > L
        return k - 1
```

下面的代码是泊松分布的Python实现：

```
import math
import random
def nextPoisson(lambdaValue):
  elambda = math.exp(-1*lambdaValue)
  product = 1
  count = 0

  while (product >= elambda):
    product *= random.random()
    result = count
    count += 1
  return result
for x in range(1, 9):
  print nextPoisson(8)
```

上面程序的输出是：

```
5
7
11
8
9
8
7
6
```

关于重现随机数的特别提示

如果一个应用要求用任意方法重现随机数，在这种情况下，我们可以用这些函数重现生成的随机数。为了重现序列，需要用到同样的函数和同样的种子值。同样，我们也可以重现列表，这也是为什么我们称大多数随机数生成函数是确定的。

3.7.3　一个用简单逻辑生成5位随机数的程序

以下程序展示了用时间和日期对象生成随机数的方法。它用了特别简单的逻辑来生成5位随机数。在这个程序中，用当前的系统时间来生产随机数。系统时间的4个组件——小时、分钟、秒和毫秒——通常是唯一的组合。这个值被转换成一个字符串，然后转换成一个5位的值。在用户定义的函数的第一行，引入了一个毫秒级的延迟，这样在很短的时间内，每次调用时，时间值是不同的。如果没有这一行，用户将得到一些重复的值。

```
import datetime
import time

# 用户定义函数返回5位的随机数
def next_5digit_int():
    # 这样可以将随机数设置为微秒级
    time.sleep(0.123)
    current_time = datetime.datetime.now().time()
    random_no = int(current_time.strftime('%S%f'))
    # 去掉后三位尾数
    return random_no/1000

# 随机数生成演示
for x in range(0, 10):
    i = next_5digit_int()
    print i
```


3.8　大规模数据集的简要介绍

科学应用程序的数据集范围很广泛，从几MB到几GB都有。某些特殊应用程序的数据集非常大，可能有几PB（拍字节）[①]。以我们熟悉的MB与GB来对比一下PB的规模。假如我们把1 PB的数据刻录成CD，然后把这些CD堆起来，那么叠起来的光盘高度大约是1.75千米。由于近些年网络和分布式计算技术的进步，有许多应用需要处理PB的数据量。为了有效地处理大规模数据集，在软件和硬件层面都出现了一些解决方法。

有一些处理各种规模数据集的有效架构。这些架构在处理小规模、中等规模和大规模数据时同样高效，仅取决于提供的基础架构。MapReduce就是这样一种架构，Hadoop是MapReduce架构的一个开源实现。

在数据库层面，用户有多种方法来存储和管理任意规模的数据。这些数据库可能是最简单的，如纯文本文件（文本文件或者二进制文件）。然后还有一些基于模式的数据库，如关系型数据库，这些数据库能高效地管理几个GB的数据库。文件数据库和基于模式的数据库都可以管理MB到GB规模的数据。为了处理超过这个限制的数据，现在的趋势是用非基于模式的数据库和高级分布式文件系统，例如谷歌的BigTable、Apache HBase和HDFS。HBase是一个基于列的数据库，可以支持超大规模数据库。HDFS是一个分布式文件系统，它能存储几个PB的文件，不像普通文件系统（如WINDOWS NT）的最大文件大小16 GB。

① 1 PB=1024 TB。——译者注

大多数编程语言都支持这些框架和数据库，包括Python、Scala、Java、Ruby等。除了软件级的，还有一些复杂的硬件组合，例如不同硬件（如处理器、I/O设备和网络设备）组成的虚拟化内容。还有一些专门针对之前介绍的数据库软件的性能增强硬件。

分布式计算领域最新的进展称为云计算，它包括一些新的科学计算和商业应用。云计算和上面讨论的一些概念的运用，为人们提供了有史以来最大的数据处理和存储能力，让一切成为可能。在云计算环境中正不断地产生新应用，这些新的应用的数量与日俱增。

以上讨论的技术也用于文本搜索、模式查找和匹配、图像处理、数据挖掘和大数据集的计算。在各种商业和科学应用中，这些需求非常普遍。

在第8章中，我们将详细讨论这些技术，并重点关注它们在大规模科学项目中的应用。

3.9　小结

本章首先介绍了数据、信息和知识的基本概念，然后介绍了各种用于存储数据的软件，之后讨论了数据集的各种操作，列举了存储科学数据的标准格式。接着还讨论了各主题领域的各种预定义的、已使用的标准数据集。但是，目前仍然有一些特定主题的数据集是缺失的。

在介绍基本概念之后，本章还介绍了各种为特定实验模拟数据的技术。还介绍了用于随机数生成的各种标准函数。对于模拟数据的生成，我们还介绍了用泊松分布生成随机数的一个算法和一个程序。

下一章将详细介绍Python科学计算的API和工具。这些API提供数值计算（NumPy和SciPy）、符号计算（SymPy）、数据可视化和画图（matplotlib和pandas）以及交互式编程（IPython）。此外，还会简单讨论这些API的特征和功能。

第4章 Python科学计算API

本章将对Python各种科学计算API和工具箱的特性与能力进行全面的介绍。除了介绍基础知识，我们还会针对每个API演示一些示例程序。由于符号计算是计算机数学中一个比较特殊的领域，因此我们在SymPy那一节中安排了一个小节单独介绍计算机代数系统的基础知识。

本章将介绍的主题如下：

- 用NumPy和SciPy做科学数值计算
- 用SymPy做符号计算
- 计算机代数系统
- SymPy及其模块介绍
- SymPy示例程序
- 数据分析、可视化与交互式计算

4.1 Python 数值科学计算

科学计算主要需要的是完成代数方程、矩阵、微分、积分、微分方程、统计、方程求解等方面计算的能力。Python语言本身并不具有这些功能。但是，NumPy和SciPy的发展让我们能够完成这些计算，并提供了更多的高级功能。NumPy和SciPy都是非常强大的Python程序包，让用户可以高效地完成各种科学应用需要的计算任务。

4.1.1 NumPy 程序包

NumPy是Python科学计算的基础程序包。它提供了多维数组和基本数学运算的功能，比如线性代数。Python提供了一些数据结构来存储用户数据，最流行的数据结构是列表和字典。列表可以存储任意Python对象作为元素。这些元素可以通过`for`循环或迭代器进行处理。字典对象以键值对的形式存储数据。

1. *N*维数组数据结构

*N*维数组（NumPy的ndarray对象）与列表类似，但是更加灵活高效。*N*维数组是一个数组对象，可以表示固定数量的多维数组。这个数组应该是齐次的（homogeneous）。它通过dtype类型的对象定义数组中元素的数据类型。这个对象可以定义数据的类型（整型、浮点型或Python对象类型）、数据的字节数以及字节存储顺序（byte ordering，包括big-endian高位至低位与little-endian低位至高位）。另外，如果数据类型是record或sub-array，类型还会包含具体的细节信息。真实的数组可以通过numpy.array、numpy.zeros、numpy.empty三种方法创建。

*N*维数组另一个重要特性是数组大小是可以动态调整的。而且如果用户需要从数组中移除一些元素，可以通过NumPy的模块实现戴面具数组（masked array）。在许多科学计算场景中，人们都需要删除/清理异常数据。numpy.ma模块能够实现为数组戴面具的功能，轻松地移除数组中的元素。戴面具数组就是正常数组加了一个面具（mask）。面具其实是另一个由True和False构成的数组。对于某个位置的元素，如果面具数组中的值是True，那么原数组对应位置的值就是有效的；如果面具数组中的值是False，那么原数组对应位置的值就是无效的或隐藏的。对于原数组中那些标记为False的数值而言，*N*维数组上进行任何计算时，都不会考虑这些被隐藏的元素。

2. 文件处理

科学计算的另一个重要方面是用文件存储数据。NumPy可以对文本文件和二进制文件进行读写操作。大多数情况下，文本文件都是读取、写入和进行数据交换的良好格式，因为它们天生具有移植性，而且大多数系统平台都自带文本文件的处理功能。但是，对于一些应用程序而言，有时用二进制文件更好，或者在一些场景中，这些应用程序需要的数据只能存储成二进制文件格式。有时，数据的大小和类型决定了存储形式，例如图像和声音文件只能存储成二进制文件。

相比文本文件，二进制文件较难管理，因为它们的格式特殊。而且二进制文件的大小都相对非常小，对它们的读/写速度比文本文件更快。快速的读/写最适用于那些需要处理大型数据集的应用程序。用NumPy操作二进制文件的唯一缺点是，它们只能通过NumPy接入。

Python的文本文件操作函数包括open、readlines、writelines。但是，用这些函数操作科学数据的性能并不佳。这些Python函数在从文件读写数据时非常慢。NumPy有一组高性能函数，可以在计算之前将数据载入*N*维数组。在NumPy中，文本文件可以通过numpy.loadtxt和numpy.savetxt函数接入。loadtxt函数可以将文本文件的数据载入*N*维数组。NumPy还有一个独立的函数用于操作二进制数据。这些函数分别是读取用的numpy.load和写入用的numpy.save。

3. 简单的NumPy程序

NumPy数组可以从使用数组的列表或元组创建。这个方法可以将序列的序列转换成二维数组：

```
import numpy as np
x = np.array([4,432,21], int)
print x    #输出[ 4 432 21]
x2d = np.array( ((100,200,300), (111,222,333), (123,456,789)) )
print x2d
```

输出结果如下：

```
[  4 432  21]
[[100 200 300]
[111 222 333]
[123 456 789]]
```

基本的矩阵算术运算都可以在二维数组上简单地完成，如下面的程序所示。这些运算基本都是应用在元素上。因此，操作符两侧的数组必须是同样维度的。如果维度不一致，运算就会引起运行时错误。下面的程序示例演示一维数组的算术运算：


```
import numpy as np
x = np.array([4,5,6])
y = np.array([1,2,3])
print x + y     # 输出[5 7 9]
print x * y     # 输出[ 4 10 18]
print x - y     # 输出[3 3 3]
print x / y     # 输出[4 2 2]
print x % y     # 输出[0 1 0]
```

有一个单独的matrix子类可以进行矩阵运算。让我们用下面的程序示例演示矩阵运算，对比数组乘法与矩阵乘法的差异。NumPy的矩阵是二维的，而NumPy数组可以是任意维度的：

```
import numpy as np
x1 = np.array( ((1,2,3), (1,2,3), (1,2,3)) )
x2 = np.array( ((1,2,3), (1,2,3), (1,2,3)) )
print "First 2-D Array: x1"
print x1
print "Second 2-D Array: x2"
print x2
print "Array Multiplication"
print x1*x2

mx1 = np.matrix( ((1,2,3), (1,2,3), (1,2,3)) )
mx2 = np.matrix( ((1,2,3), (1,2,3), (1,2,3)) )
print "Matrix Multiplication"
print mx1*mx2
```

输出结果如下：

```
First 2-D Array: x1
[[1 2 3]
 [1 2 3]
 [1 2 3]]
Second 2-D Array: x2
[[1 2 3]
```

```
 [1 2 3]
 [1 2 3]]
Array Multiplication
[[1 4 9]
 [1 4 9]
 [1 4 9]]
Matrix Multiplication
[[ 6 12 18]
 [ 6 12 18]
 [ 6 12 18]]
```

下面的简单程序演示了NumPy的简单统计函数：

```
import numpy as np
x = np.random.randn(10)      # 创建一个有10个随机元素的数组
print x
mean = x.mean()
print mean
std = x.std()
print std
var = x.var()
print var
```

第一个样本的输出结果如下：

```
[0.08291261  0.89369115  0.641396  -0.97868652  0.46692439
 -0.13954144
 -0.29892453  0.96177167  0.09975071  0.35832954]
0.208762357623
0.559388806817
0.312915837192
```

第二个样本的输出结果如下：

```
[ 1.28239629  0.07953693  -0.88112438  -2.37757502  1.31752476
  1.50047537
  0.19905071  -0.48867481  0.26767073   2.660184 ]
0.355946458357
1.35007701045
1.82270793415
```

上面的程序都是一些简单的NumPy示例。我们将在第5章中详细地介绍NumPy的功能。下一节介绍Python的SciPy程序包。

4.1.2 SciPy程序包

SciPy是对Python的NumPy的功能扩展，它提供了许多高级数学函数，例如微分、积分、微分方程、优化方法、数值分析、高级统计函数、方程式求解等。SciPy是在NumPy数组框架的基础上实现的。它对NumPy数组和基本的数组运算进行扩展，满足科学家和工程师解决问题时需要用到的大部分数学计算功能。

这一章将介绍一些SciPy基本功能的程序示例，NumPy和SciPy的功能将在第5章中详细介绍。下面几个小节将介绍SciPy的一些重要程序包/模块的基础知识，包括聚类分析、文件处理、积分、数值分析、优化方法、信号与图像处理、空间分析和统计学。

1. 优化函数程序包

SciPy的优化程序包提供了解决单变量和多变量的目标函数最小值问题的功能。它可以通过大量的算法和方法解决最小化问题。最小化问题在科学与商业领域中十分普遍。一般情况下，我们会使用线性回归，搜索函数的最大值与最小值，求方程的根，通过线性规划方法求解，等等。优化函数程序包支持所有这些功能。

2. 数值分析程序包

数值分析程序包实现了大量的数值分析算法和方法，都作为内置函数。它支持单变量和多变量的插值，以及一维和多维的样条插值。当数据受单变量影响时，用单变量插值；当数据收到多个变量的影响时，用多变量插值。除了这些功能之外，数值分析程序包还提供了拉格朗日（Lagrange）和泰勒（Taylor）多项式插值方法。

3. 积分与微分方程

积分是科学计算中的重要数学工具。SciPy的积分程序包提供了数值积分的功能。SciPy提供了大量的函数解决积分方程与数据的计算问题。它还提供了常微分方程的积分工具。它还借助大量数值分析得数学方法完成数值积分的计算。

4. 统计学模块

SciPy的统计学模块提供了大量的概率分布函数和统计函数。它支持的概率分布函数包括连续变量分布函数、多变量分布函数以及离散变量分布函数。统计函数包括简单的均值到复杂的统计学概念，包括偏度（skewness）、峰度（kurtosis）、卡方检验（chi-square test）等。

5. 聚类程序包与空间算法

聚类分析是一项流行的数据挖掘技术，在科学与商业领域有广泛的应用。在科学领域中，生物学、粒子物理学、天文学、生命科学与生物信息学都是一些广泛使用聚类分析解决问题的领域。聚类分析在计算机科学的诸多领域也应用广泛，例如计算机欺诈检测、安全分析与图像处理等。聚类程序包提供了K-means聚类、向量量化（vector quantization）[①]、层次聚类（hierarchical clustering）与凝聚式聚类（agglomerative clustering）函数等。

`spatial`类利用三角函数、沃罗诺伊图（Voronoi Diagram）以及多点的凸包（Convex Hull）

① 将一个范围内的值用一个值近似替代。——译者注

分析空间中两点之间的距离。它还用KD树算法实现了RNN函数。

6. 图像处理

SciPy提供了大量的图像处理函数，包括基本的图像文件读/写、图像显示，以及简单的处理函数，例如裁剪、翻转和旋转。它还支持图像过滤函数，包括图像数学变换、平滑、降噪、锐化。另外，它还支持许多其他操作，如通过不同对象的像素进行图像分割、分类，以及通过边缘检测进行特征提取。

4.1.3　简单的SciPy程序

以下几个小节将介绍一些用SciPy模块和程序包实现的程序示例。首先将介绍一个用SciPy进行标准统计计算的示例，然后是一个用优化方法寻找函数最小值的程序，最后介绍一个图像处理程序。

1. 用SciPy做统计

SciPy的统计学模块有完成简单统计学运算的函数和各种各样的概率分布函数。下面的程序用SciPy的`stats.describe`函数演示了简单的统计运算。这个函数可以处理数组，返回数组元素的数量、最小值、最大值、均值、方差、偏度和峰度：

```
import scipy as sp
import scipy.stats as st
s = sp.randn(10)
n, min_max, mean, var, skew, kurt = st.describe(s)
print("Number of elements: {0:d}".format(n))
print("Minimum: {0:3.5f} Maximum: {1:2.5f}".format(min_max[0],
    min_max[1]))
print("Mean: {0:3.5f}".format(mean))
print("Variance: {0:3.5f}".format(var))
print("Skewness : {0:3.5f}".format(skew))
print("Kurtosis: {0:3.5f}".format(kurt))
```

输出结果为：

```
Number of elements: 10
Minimum: -2.00080 Maximum: 0.91390
Mean: -0.55638
Variance: 0.93120
Skewness : 0.16958
Kurtosis: -1.15542
```

2. SciPy优化函数

在数学优化理论中，一种被称为Rosenbrock的非凸函数常用于检测优化算法的性能。以下程序演示了该函数的最小值问题。N个变量的Rosenbrock函数方程如下所示，它在x_i=1时最小值为0：

$$f(x)=\sum_{i=1}^{N-1}100(x_i-x_{i-1}{}^2)^2+(1-x_{i-1})^2$$

上面方程的程序如下所示：

```
import numpy as np
from scipy.optimize import minimize

# 定义Rosenbrock函数
def rosenbrock(x):
    return sum(100.0*(x[1:]-x[:-1]**2.0)**2.0 + (1-x[:-1])**2.0)

x0 = np.array([1, 0.7, 0.8, 2.9, 1.1])
res = minimize(rosenbrock, x0, method = 'nelder-mead', options =
        {'xtol': 1e-8, 'disp': True})

print(res.x)
```

输出结果为：

```
Optimization terminated successfully.
         Current function value: 0.000000
         Iterations: 516
         Function evaluations: 827
[ 1.  1.  1.  1.  1.]
```

最后一行是`print(res.x)`的输出结果，可以看出里面的元素都是`1`。

3. SciPy图像处理

下面两个程序演示SciPy的图像处理功能。第一个程序显示标准测试图像，这张图像名叫Lena，广泛应用于图像处理领域。第二个程序演示图像几何变换，它会完成图像裁剪和45度旋转。

下面的程序是用matplotlib的API显示Lena图像。`imshow`方法会把*N*维数组渲染为图像，`show`显示图像：

```
from scipy import misc
l = misc.lena()
misc.imsave('lena.png', l)
import matplotlib.pyplot as plt
plt.gray()
plt.imshow(l)
plt.show()
```

这个程序的输出结果如下图所示。

下面的程序完成图像的几何变换。变换后的图像与原始图像共同放在一个2×2的数组中：

```
import scipy
from scipy import ndimage
import matplotlib.pyplot as plt
import numpy as np

lena = scipy.misc.lena()
lx, ly = lena.shape
crop_lena = lena[lx/4:-lx/4, ly/4:-ly/4]
crop_eyes_lena = lena[lx/2:-lx/2.2, ly/2.1:-ly/3.2]
rotate_lena = ndimage.rotate(lena, 45)

# 四幅图，返回二维数组
f, axarr = plt.subplots(2, 2)
axarr[0, 0].imshow(lena, cmap=plt.cm.gray)
axarr[0, 0].axis('off')
axarr[0, 0].set_title('Original Lena Image')
axarr[0, 1].imshow(crop_lena, cmap=plt.cm.gray)
axarr[0, 1].axis('off')
axarr[0, 1].set_title('Cropped Lena')
axarr[1, 0].imshow(crop_eyes_lena, cmap=plt.cm.gray)
axarr[1, 0].axis('off')
axarr[1, 0].set_title('Lena Cropped Eyes')
axarr[1, 1].imshow(rotate_lena, cmap=plt.cm.gray)
axarr[1, 1].axis('off')
axarr[1, 1].set_title('45 Degree Rotated Lena')

plt.show()
```

输出结果如下。

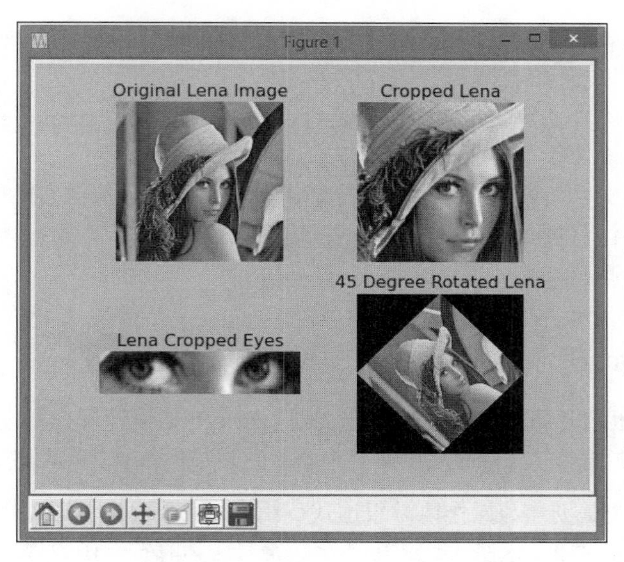

SciPy和NumPy之所以成为Python科学计算的核心，是因为它们为数值计算提供了坚实的基础功能。我们将在第5章介绍两个软件包的细节。下一节内容介绍用SymPy做符号计算。

4.2　SymPy 符号计算

计算机直接对数学符号进行正确的计算被称为符号计算。通常，符号计算也被称为计算机代数，而对应的计算机系统称为计算机代数系统。下面将对SymPy程序库作简单介绍。我们将在第6章中深入介绍用Python做符号计算的内容。

4.2.1　计算机代数系统

下面介绍计算机代数系统（Computer Algebra System，CAS）的概念。CAS是一个软件或者工具箱，用计算机代替手工运算数学表达式[①]。早期用计算机解决这类问题称为计算机代数，现在称为符号计算。CAS可以分为两类：一类是通用CAS，另一类是解决特殊问题的专用CAS。通用CAS可以应用于大多数代数领域，而专用CAS是面向某个具体领域的，如群论和数论。在大多数科学计算问题中，我们都使用通用CAS计算数学表达式。

4.2.2　通用 CAS 的特点

科学计算中使用的通用CAS具有以下特点。

① 如商业数学软件Mathmatics。——译者注

- 具有操作数学表达式的用户界面。
- 编程与调试的界面。
- 该系统需要对不同的数学表达式进行简化。因此，简化器（simplifier）是CAS系统的核心组件。
- 通用CAS必须支持大量的数学函数，才能完成任意代数计算需要的数学功能。
- 大多数场景中计算量都很大，所以内存管理至关重要。
- 系统必须支持高精度与大数计算。

4.2.3 SymPy 设计理念简介

SymPy是Python版的开源计算机代数系统实现。SymPy的设计理念是设计与开发一套功能齐全的CAS，代码尽可能简单，保持高度的易扩展性。它是纯Python代码写的，没有任何第三方库。

SymPy的基本思路是创建与操作数学表达式。用户借助SymPy可以用Python语言写数学表达式——通过SymPy类和对象。这些表达式由数字、符号、运算符、函数等构成。函数都是一些实现数学功能的模块，如对数函数与三角函数。

SymPy的开发是Ondřej Čertík从2006年8月开始的。此后，不断有开发者加入项目，规模达到了几百人。现在这个程序库包括26个模块。这些模块可以满足常用的计算需求，如符号计算、积分、代数、离散数学、量子物理、画图与打印等，计算结果还可以输出为LaTeX或其他格式。

SymPy的能力可以分为两类——核心能力和高级能力，因为SymPy程序库分为一个核心模块和多个高级可选模块。这些由不同模块支持的能力介绍如下。

1. 核心能力

核心能力模块支持数学代数运算需要的基本功能。这些运算包括基本算术运算，如加减乘除和幂运算。核心模块还具有数学式简化的能力，可以对复杂的数学式进行简化。它也提供了级数与符号展开的能力。

核心模块还支持三角函数、双曲线、指数函数、方程根求解、多项式、阶乘、伽玛函数、对数函数等功能，以及B-样条曲线、球面调和函数、张量函数和正交多项式等特殊函数。

核心模块中还有强大的模式匹配运算支持。另外，SymPy的核心能力还有代数运算的等价替换功能。它不仅支持整数、有理数、浮点数的高精度算术运算，还支持多项式运算中的非可交换变量和符号。

2. 多项式

多项式模块中有大量的函数处理多项式运算。这些函数包括多项式除法、最大公约数（greatest

common divisor, GCD)、最小公倍数(least common multiplier, LCM)、无平方因式分解(square-free factorization)、带符号系数 (symbolic coefficient) 的多项式表示。还有一些特殊功能，如合矢量的计算、三角恒等式的推导、部分分式分解、Gröbner基 (Gröbner basis) 的多项式环和域。

3. 微积分

微积分模块中有大量的基础与高级微积分运算功能的支持。它有一个`limit`函数，可以设置积分上下限。它还支持导数、积分、级数展开、微分方程以及有限差分运算。SymPy还支持定积分与积分变换。在微分中，还支持数值微分、复合导数与分数阶导数。

4. 方程式求解

求解器 (solver) 是SymPy中求方程式解的模块。这个模块具有解复数多项式、多项式的根以及多项式组的能力。它有一个函数可以解代数方程式。它不仅可以解微分方程问题(包括常微分方程、偏微分方程、初始值与边界值的问题等)，还可以解差分方程。在数学上，差分方程也称为递归关系式，也就是方程递归地定义序列与多维数组的值。

5. 离散数学

离散数学指变量特征是离散的数学分支，与连续变量的数学 (微积分) 区分开来。它主要处理整数、图形，以及逻辑学中的观点问题。这个模块对二项式系数、乘积与求和运算有完整的支持。

这个模块还支持数论中的许多函数，包括残差理论、欧拉公式、分割理论以及处理质数与因数分解的许多函数。SymPy还支持利用符号与布尔值来创建和操作逻辑表达式。

6. 矩阵

SymPy具有强大的矩阵与行列式计算的功能。矩阵属于线性代数的数学分支。SymPy支持矩阵创建、基本运算 (如乘法与加法)、全0矩阵与全1矩阵、随机矩阵以及针对矩阵元素进行的运算。它还支持一些特殊函数，如计算海森矩阵 (Hessian matrix) 的函数、一组向量的格拉姆-施密特 (Gram-Schmidt) 正交化函数、朗斯基行列式 (Wronskian) 计算的函数，等等。

另外，SymPy还支持特征值和特征向量的计算、矩阵转置，以及矩阵与行列式求解。还支持矩阵的行列式计算，支持Bareis因式分解算法和Berkowitz算法等。矩阵计算中，还有零空间(null space) 计算 (方程式求解)、矩阵代数余子式展开 (cofactor expansion) 工具、矩阵元素求导数以及对偶矩阵。

7. 几何

SymPy有支持二维空间各种运算的模块，可以创建点、线、圆、椭圆、多边形、三角形、射线和线段等常见的二维对象。我们还可以直接查询对象的属性，例如部分对象的面积 (椭圆、圆和三角形）和直线之间的交点。它还可以查询对象间的相切、相似与相交属性。

8. 画图

SymPy中有个模块可以画出二维图与三维图。现在图形底层都是用matplotlib软件包，也支持TextBackend、Pyglet和textplot等软件包。SymPy还提供了很好的自定义图形与画不同几何图形的交互接口。

画图模块的画图功能如下所示：

- 二维直线图
- 二维可变参数图
- 二维隐式与区域图
- 双变量三维图
- 三维直线与曲面图

9. 物理学

SymPy有一个模块可以解决物理学问题。它支持力学功能，包括经典力学与量子力学以及高能物理学。它还支持一维空间与三维空间的泡利代数与量子谐振子。还有光学相关的功能。还有一个独立的模块将物理单位集成到SymPy里。用户可以选择相应的物理单位完成计算和单位转换。这个单位系统是由物理单位与常量构成的。

10. 统计学

SymPy的统计学模块支持数学计算中涉及的许多统计函数。除了常见的连续与离散随机分布函数，它还支持符号概率相关功能。SymPy里的随机分布函数都支持随机数生成的功能。

11. 打印

SymPy有一个模块可以提供漂亮的打印功能。漂亮打印包括对不同文体格式的支持，如源代码、文本文件、标记语言文件以及其他内容。这个模块可以通过ASCII和Unicode生成各种文字。

它支持不同的打印机，如LaTeX和MathML打印机。可以打印多种编程语言生成的源代码，如C、Python和Fortran。还可以打印用标记语言，如HTML和XML格式，生成的内容。

4.2.4 SymPy 模块

下面的列表是前面讨论到的模块的名称。

- Assumptions：假设引擎
- Concrete：符号积和符号总和

- Core basic class structure：基本的、加、乘、指数等
- Functions：基本的函数和特殊的函数
- Galgebra：几何代数
- Geometry：几何实体
- Integrals：符号积分
- Interactive：交互会话（如IPython）
- Logic：布尔代数和定理证明
- Matrices：线性代数和矩阵
- mpmath：快速的任意精度的数值运算
- ntheory：数论函数
- Parsing：数学的和最大化的句法分析
- Physics：物理单位和量子相关
- Plotting：用Pyglet进行二维和三维的画图
- Polys：多项式代数和因式分解
- Printing：漂亮的打印和代码生成
- Series：符号极限和截断的序列
- Simplify：用其他形式改写表达式
- Solvers：代数、循环和差分
- Statistics：标准概率分布
- Utilities：测试架构和兼容性相关的内容

在各种数学工具箱中有多种符号计算系统可供使用。有如Maple和Mathematica这样的商业软件，也有如Singular和AXIOM这样的开源软件。但是这些产品有它们自身的脚本语言。很难扩展它们的功能，并且这些软件的开发周期也很慢。而SymPy高度可扩展，它由Python设计和开发，是一个开源的支持快速开发周期的API。

4.2.5 简单的范例程序

这里用一些非常简单的示例来帮助你理解SymPy的能力。这些不到10行的SymPy源代码包含了从基本符号操作到极限、差分和积分等主题。我们可以使用谷歌App引擎上的在线运行的SymPy来运行这些SymPy程序，其网址是http://live.sympy.org/。

1. 基本符号操作

下面的程序定义了三种符号和用这些符号组成的一个表达式，之后打印了这个表达式：

```
import sympy
a = sympy.Symbol('a')
b = sympy.Symbol('b')
```

```
c = sympy.Symbol('c')
e = ( a * b * b + 2 * b * a * b) + (a * a + c * c)
print e
```

输出结果是：

```
a**2 + 3*a*b**2 + c**2
```

这里**表示指数运算。

2. SymPy的表达式扩展

下面的程序展示了表达式扩展的概念。它定义了两个符号和由这两个符号组成的一个简单表达式。最后它打印了这个表达式及其扩展形式：

```
import sympy
a = sympy.Symbol('a')
b = sympy.Symbol('b')
e = (a + b) ** 4
print e
print e.expand()
```

输出结果是：

```
(a + b)**4
a**4 + 4*a**3*b + 6*a**2*b**2 + 4*a*b**3 + b**4
```

3. 表达式或公式的简化

SymPy可以很便利地简化数学表达式。下面的程序简化了两个表达式，然后显示了简化后的表达式结果：

```
import sympy
x = sympy.Symbol('x')
a = 1/x + (x*exp(x) - 1)/x
simplify(a)
simplify((x ** 3 + x ** 2 - x - 1)/(x ** 2 + 2 * x + 1))
```

输出结果是：

```
ex
x - 1
```

4. 单的积分

下面的程序计算了两个简单函数的积分：

```
import sympy
from sympy import integrate
```

```
x = sympy.Symbol('x')
integrate(x ** 3 + 2 * x ** 2 + x, x)
integrate(x / (x ** 2 + 2 * x), x)
```

输出结果是：

```
x**4/4+2*x**3/3+x**2/2
log(x + 2)
```

4.3　数据分析和可视化的 API 和工具

Python中有很优秀的工具和API可以用来分析、可视化和展示数据和计算的结果。在以下的讨论中将介绍pandas的概念和操作。我们会用示例程序简单地讨论matplotlib的图表绘画并导出成不同格式。可以将图表导出成图片文件或PDF等其他文件。在第7章中将详细讨论matplotlib和pandas以及IPython工具的概念。

4.3.1　用 pandas 进行数据分析和操作

pandas是一个用于数据分析和数据操作的工具包。pandas由一些数据结构组成，这些数据结构在Python中用于科学数据分析。pandas开发的终极目标是设计一个强大和灵活的数据操作和分析工具。它提供了有效、灵活和意义重大的数据结构，特殊的设计使得它能够处理任意种类的数据。pandas可以用于大部分常用的数据库和数据集。pandas是在NumPy的基础上开发的。

因此它支持与Python其他的科学计算API和工具进行整合。pandas可以用于以下所有类型的数据。

- 表格数据，例如关系型数据库或电子表格（如微软Excel）。
- 有序或无序的时间序列数据。
- 多维阵列数据，例如带有行和列标签的矩阵。
- 用于存储第3章中提到的任意格式的科学数据的任意数据集。

1. pandas的重要数据结构

pandas数据结构的范围可以从一维到三维。Series是一维的，DataFrame是二维的，Panel是三维甚至更高维的数据结构。高维（如四维）数据结构目前仍然在开发中。通常，Series和DataFrame可以用于大多数统计、工程、财务和社会科学的场景中。

- Series：它是一个带标签的一维数组，可以用于存储任意数据类型，例如整型、浮点数、字符串和其他有效的Python对象。它的轴的标签也称作index。
- DataFrame：它是一个带标签的二维数组，有行和列。列可以有多种类型。DataFrame可以看作类似二维结构，例如电子表格和数据库表格。DataFrame也可以看作包含多个不同类型的Series的集合。

- Panel：在统计学和经济学中，面板数据（panel data）指多维数据，这个多维数据包括不同时间的不同测量结果。该数据结构的名称来源于其概念。与Series和DataFrame相比，面板数据是不太常用的一种数据结构。

2. pandas的特点

下面是pandas的一些突出特性。

- 它提供了针对pandas数据结构以及CSV、微软Excel、SQL数据库和HDF5等数据格式的数据的操作便利性。
- 它被高度地优化以获得高性能，其关键代码是用Cython和C开发的。
- 它支持用切片、索引和子集进行大数据集的分割。
- 它提供自动和简洁的数据对齐。通过用标签集合简洁地将对象进行对齐。如果用户忽略标签，那么数据结构会自动对齐数据。
- 数据结构支持大小动态变化，因为列可以被插入或删除。
- pandas拥有强大的group by操作引擎，group by操作用于数据的聚合和变换。
- 它还支持用于数据整合的高效的合并和连接操作。
- 它还用到重新索引以管理缺失数据的概念。缺失数据是指空的或不存在的数据。
- pandas还对时间序列功能有很好的支持。这些功能包括移动窗口统计信息、日期范围的生成和频率转换、日期移位和延迟、移动时间窗口线性回归等。

4.3.2 用 matplotlib 进行数据可视化

matplotlib是用于数据可视化的Python API，是最广泛使用的二维图像Python包。它提供了一个快速可定制的数据可视化方法，并实现不同格式图片的发布。它支持多维图表的绘画。matplotlib中规定了图表的大多数属性的默认值，但这些值是可以定制的。用户可以控制任意图表的几乎所有设置，例如图的大小、线的宽度、颜色和类型、坐标轴、点的属性、文本的属性（例如字体、字面和字号）。

我们来讨论一些示例。示例中用到不同格式的绘画和不同格式的导出。

4.3.3 用 IPython 实现 Python 的交互式计算

Python有两种流行的编程方式：交互式编程与脚本文件。一些程序员比较喜欢与脚本打交道。通常他们用一个文本编辑器来写自己的程序，用终端来执行或进行其他操作，例如程序调试。然而，科学计算应用通常需要一个良好的交互式计算环境。在交互式计算中，任何时候计算环境都可以处理人们输入的内容，可能来自命令行或图像用户界面。Python科学计算API通过IPython及与其绑定的工具集合获得一个交互式计算环境。IPython广泛用于各种科学计算应用中，例如数据管理、数据操作、数据分析、数据可视化、科学计算和大规模计算。

我们来讨论在IPython中用NumPy、SymPy、pandas和matplotlib进行计算的一些例子。

4.3.4 数据分析和可视化的示例程序

这一小节将讨论用matplotlib和pandas进行数据分析和可视化的示例程序。如果你没有本地安装的 pandas 和 matplotlib， 可以用在线的 IPython， 网址是 https://www.pythonanywhere.com/try-ipython/。

首先需要一些用于分析或可视化的数据。下面的程序从雅虎财经获取了苹果公司从2014年10月1日至2015年1月31日的数据，并将该数据存储在一个CSV文件中：

```
import pandas as pd
import datetime
import pandas.io.data

start = datetime.datetime(2014, 10, 1)
end = datetime.datetime(2015, 1, 31)

apple = pd.io.data.get_data_yahoo('AAPL', start, end)
print(apple.head())
apple.to_csv('apple-data.csv')
df = pd.read_csv('apple-data.csv', index_col='Date', parse_dates=True)
df.head()
```

以下是输出。

	Open	High	Low	Close	Volume	Adj close
Date						
10/1/2014	100.59	100.69	98.7	99.18	51491300	98.36
10/2/2014	99.27	100.22	98.04	99.9	47757800	99.08
10/3/2014	99.44	100.21	99.04	99.62	43469600	98.8
10/6/2014	99.95	100.65	99.42	99.62	37051200	98.8
10/7/2014	99.43	100.12	98.73	98.75	42094200	97.94

下面的程序对前面例子中的.csv文件中的数据进行画图。它计算了close的50个移动平均值（50 MA）。然后在二维图像中画出open、close、high、low和50个移动平均值。下面的截图是程序输出的图像。

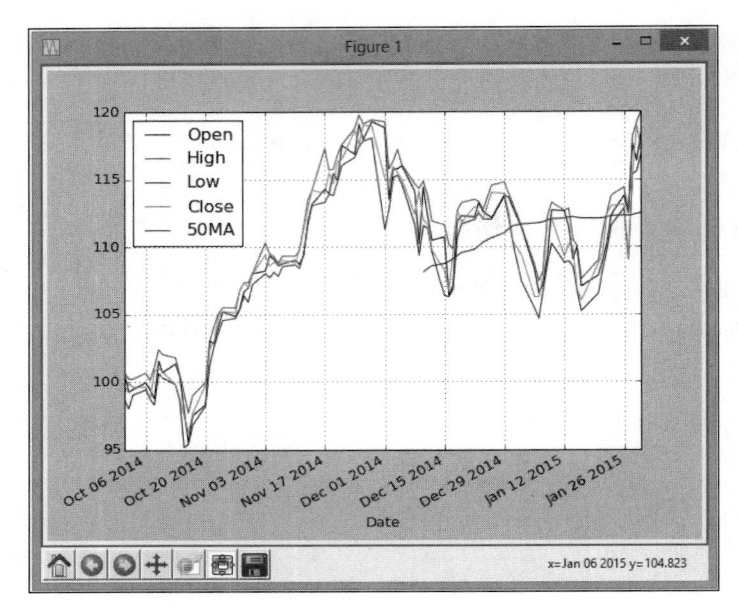

下面是程序：

```
import pandas as pd
import matplotlib.pyplot as plt

df = pd.read_csv('apple-data.csv', index_col = 'Date', parse_
dates=True)
df['H-L'] = df.High - df.Low
df['50MA'] = pd.rolling_mean(df['Close'], 50)
df[['Open','High','Low','Close','50MA']].plot()
plt.show()
```

现在下面的程序对同样的数据进行了三维绘图：

```
import pandas as pd
import matplotlib.pyplot as plt
from mpl_toolkits.mplot3d import Axes3D

df = pd.read_csv('apple-data.csv', parse_dates=True)
print(df.head())
df['H-L'] = df.High - df.Low
df['50MA'] = pd.rolling_mean(df['Close'], 50)

threedee = plt.figure().gca(projection='3d')
threedee.scatter(df.index, df['H-L'], df['Close'])
threedee.set_xlabel('Index')
threedee.set_ylabel('H-L')
threedee.set_zlabel('Close')
plt.show()

threedee = plt.figure().gca(projection='3d')
```

```
threedee.scatter(df.index, df['H-L'], df['Volume'])
threedee.set_xlabel('Index')
threedee.set_ylabel('H-L')
threedee.set_zlabel('Volume')
plt.show()
```

前面的程序的三维绘图的截图如下所示。

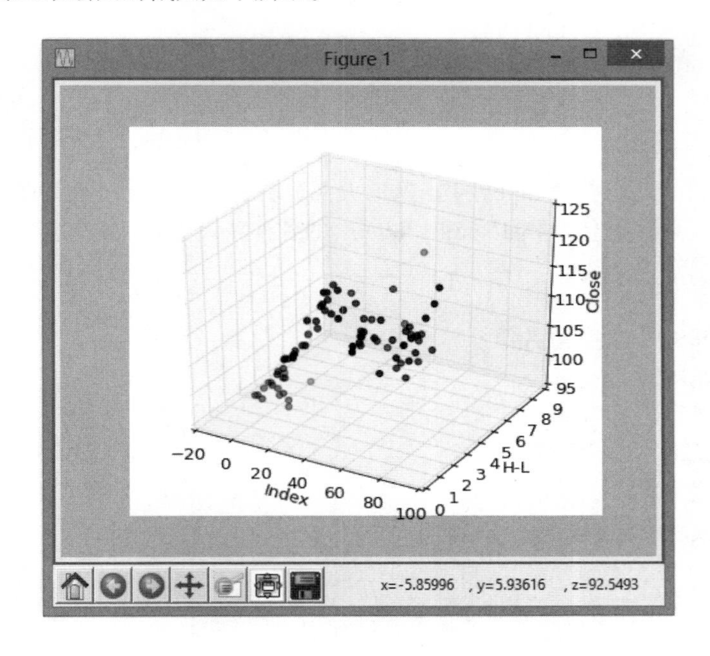

4.4 小结

这一章讨论了各种科学计算API和工具的概念、特点和一些示例程序。首先讨论了NumPy和SciPy。在介绍了NumPy后，讨论了与符号计算相关的概念和SymPy。

之后，讨论了交互式计算、数据分析和数据可视化的API和工具。IPython是交互计算的Python工具。还讨论了数据分析包pandas和数据可视化API matplotlib。

在下一章，我们将详细讨论数值计算API——NumPy。还会通过示例程序介绍NumPy的各种函数和相关的数学概念。

第 5 章

数值计算

本章将通过程序示例讨论NumPy和SciPy的大部分功能。首先通过举例详细地讨论NumPy和SciPy中的数组和运算。这会为学习NumPy和SciPy的各种高级功能打下坚实的基础。

这一章将谈论以下主题：

- 用NumPy和SciPy做科学数值计算
- NumPy的基本对象
- NumPy的各种包/模块
- SciPy包的基础知识
- SciPy的数学函数
- 高级数学模块和包

在Python中，NumPy是数值计算的基础，其最基本和最重要的创意是支持多维数组。我们首先讨论NumPy中数组的基本概念。在了解了基础知识之后，再讨论可以对多维数组进行的各种运算。还会讨论到NumPy支持的各种基础的和高级的数学函数。NumPy包含一些子包或子模块，可以支持高级数学计算。

5.1 NumPy 的基本对象

NumPy和SciPy的所有科学计算功能建立在NumPy两种基本类型的对象之上。第一种对象是*N*维数组对象，即ndarray；第二种对象是通用函数对象，即`ufunc`。除了这两种对象，还有其他一些对象建立在它们之上。

5.1.1 *N* 维数组对象

ndarray对象是一个同质元素的集合，这些元素用*N*个整型数索引（*N*是数组的维数）。ndarray有两个重要的属性。第一个属性是数组中元素的数据类型，称作`dtype`；第二个属性是数组的维度。数组的数据类型可以是Python支持的任意数据类型。数组的维度是一个元组（*N*-tuple），即一个包含*N*维数组的*N*个元素的集合，元组中的每个元素定义了数组在该维度包含的元素个数。

1. 数组的属性

除了维度和dtype，数组还有其他属性，列举如下：

- ❑ 大小（size）
- ❑ 每项的大小（itemsize）
- ❑ 数据（data）
- ❑ 维度（ndim）

每项的大小（itemsize）是数组中每个元素的字节长度。数据（data）属性是一个Python缓存对象，该对象指向数组数据的起始位置。可通过以下的Python程序来理解维度、数据类型和其他属性的概念：

```
import numpy as np
x2d = np.array( ( (100,200,300),
                  (111,222,333),
                  (123,456,789) ) )
x2d.shape
x2d.dtype
x2d.size
x2d.itemsize
x2d.ndim
x2d.data
```

2. 数组的基本操作

使用方括号（[]）来索引数组的值称作*数组索引*（array indexing）。以上面的程序中定义和用到的二维数组x2d为例，该数组中的特定元素可以用x2d[row, column]表示。例如，x2d[1,1]表示第二行的第二个元素（即222），索引值的起始值是0。同样，x2d[2,1]表示第三行的第二个元素（即456）。

数组切片是从数组中选定某些元素来构成一个子数组的过程。对于一维数组，我们可以依次从数组中选择某些元素。进而可以通过切片获取二维数组的一整行或一整列。也就是说我们可以在任一维度选取数组元素。Python的基本切片概念被扩展到了*N*维数组中。切片的基本语法是start:stop:step。第一个参数指切片的起始位置索引值，第二个参数是指切片结束位置的索引值，最后一个参数定义了相加于前一个选定元素索引值基础上的步长。如果我们省略前两个参数值中的任意一个，那么这个值会被默认当作零或者大于零。同样，步长的默认值是1。下面用几个例子来更清楚地理解切片。

以x2d这个6×3的数组为例。x2d[1]等价于x2d[1, :]，都表示数组的第二行，该行包含三个元素。另一方面，x2d[:, 1]表示数组的第二列，该列包含六个元素。x2d[::3,1]可以选中数组中第二列的每三个元素。

省略号可以用来替换零个或多个冒号。一个省略号可以当作零个或多个全切片的对象，以匹配切片对象的所有维度，这个维度必须和原始数组的维度相等。例如，如果x4d是一个5×6×7×8的数组，那么x4d[2 :, ..., 6]等价于x4d[2 :, :, :, 6]。同样，x4d[..., 4]等价于x4d[:, :, :, 4]。可用以下程序理清数组切片的概念。这个程序展示了一维数组和二维数组的切片：

```
import numpy as np
x = np.array([1,12, 25, 8, 15, 35, 50, 7, 2, 10])
x[3:7]
x[1:9:2]
x[0:9:3]

x2d = np.array(( (100,200,300),
                 (111,222,333),
                 (123,456,789),
                 (125,457,791),
                 (127,459,793),
                 (129,461,795) ))
x2d[0:4,0:3]
x2d[0:4:2,0:3:2]
```

数组的迭代可以用for循环实现。在一维数组中，可以用for循环连续地获得所有元素。另一方面，多维数组的迭代可以通过考虑到第一维数据的多重循环来实现。下面的程序展示了如何实现数组的迭代：

```
import numpy as np
x = np.array([1,12, 25, 8, 15, 35, 50, 7, 2, 10])
x2d = np.array(( (100,200,300),
               (111,222,333),
               (123,456,789),
               (125,457,791),
               (127,459,793),
               (129,461,795) ))
for i in x:
    print i

for row in x2d:
    print row
```

3. 数组的特殊操作（变形及转换）

为了实现数组的变形，有ravel、reshape、resize和指定数组维度属性等方法。ravel和reshape方法返回修改了维度的变量（被调用的对象），而resize和指定数组维度属性的办法则修改了实际数组的维度。ravel方法将数组展开成C语言类型的数组，它返回的变量被当作一个一维数组，这个数组按行依次展开成一个一维数组。

我们用下面的程序来讨论这些方法的影响。这个程序实现了二维数组的变形操作。第一个print函数输出的是原始数组。ravel函数将展示展开的数组。而ravel函数之后的print函数再次展示了原始数组，因为ravel函数并未改变原始数组。现在uresize函数将原始的6行3列的数组(6,3)变形为3行6列的数组(3,6)。因此resize之后的print函数将输出变形之后的数组形状。

现在我们对原始数组(6,3)应用了reshape函数。但是由于reshape不改变原始数组的形状，在reshape函数之后的print函数将会打印出(3,6)的数组。最后一种方法是指定数组的形状为(9,2)，将数组的形状变成(9,2)。

最重要的是要记住，当做reshape变换时，新数组的总大小仍然不变：

```
import numpy as np
x2d = np.array(( (100,200,300),
                 (111,222,333),
                 (123,456,789),
                 (125,457,791),
                 (127,459,793),
                 (129,461,795) ))
print x2d
x2d.ravel()
print x2d
x2d.resize((3,6))
print x2d
x2d.reshape(6,3)
print x2d
x2d.shape = (9,2)
print x2d
```

如果需要的话，tolist、tofile和tostring可以分别将数组转换为Python列表数据结构、存储的文件和字符串。

4. 与数组相关的类

有一些类和子类是和ndarray类相关的。这些类的目的是为了支持特定的增强功能。下面将讨论这些类和子类。

(1) 矩阵子类

matrix类是ndarray的Python子类。一个矩阵能够通过其他矩阵或字符串生成，或者通过其他可以转化为ndarray的对象生成。matrix子类拥有特殊的覆盖运算符，例如*是矩阵的乘，**是矩阵的幂运算。matrix类提供的一些函数可以实现多种功能，例如元素排序、转置计算、矩阵元素的求和、将矩阵转换为列表或者其他数据结构和数据类型。下面的程序定义了两个3行3列的矩阵。最后程序输出了两个矩阵的乘积：

```
import numpy as np
a = np.matrix('1 2 3; 4 5 6; 7 8 9')
print a
b = np.matrix('4 5 6; 7 8 9; 10 11 12')
print b
print a*b
```

(2) 掩码数组

NumPy有一个生成掩码数组的模块numpy.ma。掩码数组是一个包含一些非法的、缺失的、未预料的实体的正常数组。掩码数组有两个组成成分：原始ndarray和一个掩码。掩码是由布尔逻辑值组成的数组，可以用来判定数组的值是有效还是无效。掩码中的一个true值反应了数组里相应的值是无效的。在掩码数组后面的计算中，这些无效的实体将不会用到。下一个程序展示了掩码数组的概念。假设原始数组x里包含不同人的脉搏率，并且其中有两个非法实体。为了掩盖这两个非法实体，掩码中相应的值被设置成1（true）。最后我们计算原始数组和掩码数组的平均值。没用掩码处理的平均值是61.1，因为包含两个负值，而用掩码进行处理后的平均值是94.5：

```
import numpy as np
import numpy.ma as ma
x = np.array([72, 79, 85, 90, 150, -135, 120, -10, 60, 100])
mx = ma.masked_array(x, mask=[0, 0, 0, 0, 0, 1, 0, 1, 0, 0])
mx2 = ma.masked_array(x,mask=x<0)
x.mean()
mx.mean()
mx2.mean()
```

(3) 结构化的数组

NumPy的ndarray能包含记录类型的值。为了生成一个记录类型的数组，首先需要生成记录类型的数据类型，然后用这种数据类型的元素构建数组。这种数据类型可以通过dtype在数组定义中定义。下面的程序中生成了一个记录类型的数组，这个数组中包含城市的最低、最高和平均气温。dtype函数由两部分组成：域的命名和格式。例子中用到的格式是32位整型（i4）、32位浮点型（f4）和包含30或更少的字符的字符串（a30）：

```
import numpy as np
rectype= np.dtype({'names':['mintemp', 'maxtemp', 'avgtemp', 'city'],
'formats':['i4','i4', 'f4', 'a30']})
a = np.array([(10, 44, 25.2, 'Indore'),(10, 42, 25.2, 'Mumbai'), (2,48, 30,
'Delhi')],dtype=rectype)
print a[0]
print a['mintemp']
print a['maxtemp']
print a['avgtemp']
print a['city']
```

5.1.2 通用函数对象

通用函数（unfunc）是对ndarray进行一个元素一个元素操作的函数。它也支持广播、类型转换和一些其他重要的特征。在NumPy中，广播是对不同维度数组的操作过程。特别是在数学运算中，较小维度的数组要在大维度的数组中广播，以使其维度和大维度数组兼容。通用函数即是NumPy中ufunc类的实例。

1. 属性

每个通用函数都有一些属性，但是用户无法设置这些属性的值。下面是通用函数的属性，这是一些通用函数的信息属性。

- __doc__：它包含了ufunc函数的doc字符串。其第一部分是基于命名、输入的数量和输出的数量动态生成的。第二部分是在函数生成时定义的，并存在函数中。
- __name__：这是ufunc的命名。
- ufunc.nin：这表示总的输入数量。
- ufunc.nout：这表示总的输出数量。
- ufunc.nargs：这表示总的变量数，包括输入和输出的数量。
- ufunc.ntypes：这表示这个函数定义的类型的种类。
- ufunc.types：这个属性返回函数定义的ntypes种具体类型的列表。
- ufunc.identity：这表示这个函数的值。

2. 方法

所有的通用函数ufunc有5种方法，如下所示。前4种方法的通用函数包含两个输入变量，返回一个输出变量。这些方法在调用其他函数失败时会报出ValueError异常。第五种方法允许用户利用索引做位置操作。下面是每个NumPy通用函数可用的方法。

- ufunc.reduce：在一个坐标轴应用通用函数时，它可以将数组降低一个维度。
- ufunc.accumulate：它可以在对所有元素使用同一个运算符时积累结果。
- ufunc.reduceat：它可以在单个坐标轴上减少指定的切片。
- ufunc.outer(A, B)：它对所有(a, b)应用通用函数操作符，其中a包含于A，b包含于B。
- ufunc.at：它对特定元素执行未缓存的位置操作。

3. 各种可用的通用函数

目前NumPy支持超过60种的通用函数。这些函数包括广泛的操作，如简单的数学运算（加、减、求模、取绝对值）、开方、幂运算、指数运算、三角运算、比特位运算、比较和浮点运算。通常最好选择利用这些函数而不选择循环，因为相比于循环这些函数更高效。

下面的程序展示了一些通用函数的运用：

```
import numpy as np
x1 = np.array([72, 79, 85, 90, 150, -135, 120, -10, 60, 100])
x2 = np.array([72, 79, 85, 90, 150, -135, 120, -10, 60, 100])
x_angle = np.array([30, 60, 90, 120, 150, 180])
x_sqr = np.array([9, 16, 25, 225, 400, 625])
x_bit = np.array([2, 4, 8, 16, 32, 64])
np.greater_equal(x1,x2)
np.mod(x1,x2)
```

```
np.exp(x1)
np.reciprocal(x1)
np.negative(x1)
np.isreal(x1)
np.isnan(np.log10(x1))
np.sqrt(np.square(x_sqr))
np.sin(x_angle*np.pi/180)
np.tan(x_angle*np.pi/180)
np.right_shift(x_bit,1)
np.left_shift (x_bit,1)
```

在Python中，如果有一个值不能用数字表示，那么这个值就是空值nan。例如，如果对前一个程序中的x1数组做log10的通用函数运算，那么输出值就是nan。有一个通用函数isnan可用来检验一个值是不是nan。三角函数需要角度值度数的变量。十进制常数值是弧度值，可以通过乘以180/numpy.pi来实现度数的转换。比特位左移1位执行的是变量乘以2。类似地，比特位右移1位执行的是变量除以2。通常，这些通用函数都是对数组进行操作，如果有非数组的变量的话，那么这个变量通过广播机制当作一个数组，然后执行逐元素的操作。这就是前一个程序中最后四行的操作。

5.1.3　NumPy 的数学模块

NumPy加入了特定功能的模块，例如线性代数、离散傅里叶变换、随机采样和矩阵代数库。这些功能捆绑在单独的模块中，这些模块列举如下。

- numpy.linalg：这个模块支持线性代数的各种功能，如数组和向量的内积、外积和点积；向量和矩阵的范数；线性矩阵方程的解；矩阵转置的方法。
- numpy.fft：离散傅里叶变换在数字信号处理中有广泛的应用。这个模块中的函数可以计算各种类型的离散傅里叶变换，包括一维、二维、多维、转置和傅里叶变换。
- numpy.matlib：这个模块包括那些默认返回矩阵对象而不是ndarray对象的函数。这些函数包括empty、zeros、ones、eye、rapmat、rand、randn、bmat、mat和matrix。
- numpy.random：这个模块包括在特定人群或范围中执行随机抽样的函数。它也支持随机排列组合的生成。另外，它还包括一些支持各种基于统计分布生成的随机抽样数值的函数。

下面一个程序展示了linalg模块中的一些函数的应用。它计算了范数、转置、行列式、特征值和方阵右特征向量。它还通过求解两个方程$2x+3y=4$和$3x+4y=5$展示了线性方程的求解，并且是通过将它们当作数组来求解的。最后一行的allclose函数比较了传入的两个数组，并且当它们的每个元素都相等时返回true。eig方法计算了方阵的特征值和特征向量。返回值如下：w是特征值，v是特征向量，v[:,i]列是w[i]的特征向量。

```
import numpy as np
from numpy import linalg as LA
```

```
arr2d = np.array(( (100,200,300),
                   (111,222,333),
                   (129,461,795) ))
eig_val, eig_vec = LA.eig(arr2d)
LA.norm(arr2d)
LA.det(arr2d)
LA.inv(arr2d)
arr1 = np.array([[2,3], [3,4]])
arr2 = np.array([4,5])
results = np.linalg.solve(arr1, arr2)
print results
np.allclose(np.dot(arr1, results), arr2)
```

随机抽样是科学和商业计算中很重要的方面。下面的程序展示了numpy随机抽样模块支持的各类函数中的部分函数。除了样本维度与总体，有些分布还需要一些统计值，例如均值、众数、标准差。permutation函数随机排列一个序列或者返回一个排列范围，randint函数随机返回最初的两个变量所指定的范围中的一些元素，而元素的总个数由第三个变量指定。剩余的方法返回特定分布中的抽样，如卡方检验、帕雷托分布、正态分布和对数正态分布。

```
import numpy as np
np.random.permutation(10)
np.random.randint(20,50, size=10)
np.random.random_sample(10)
np.random.chisquare(5,10) # 自由度
alpha, location_param = 4., 2.
s = np.random.pareto(alpha, 10) + location_param

s = np.random.standard_normal(20)

mean, std_deviation = 4., 2.
s = np.random.lognormal(mean, std_deviation, 10)
```


5.2 SciPy 的介绍

SciPy包含一系列子模块，专用于各种科学计算的应用。SciPy社区建议，科学家们在补充某个函数进SciPy前，首先应检查该函数是否已经包括在SciPy中。因为几乎所有科学计算的基本函数已经在SciPy中实现完成，所以检查可以省去科学家们重新编写该函数的精力。并且，SciPy模块已经被优化并且经过了良好的缺陷和可能的错误测试。因此，利用SciPy可以获得很好的性能。

5.2.1 SciPy 的数学函数

SciPy是写于NumPy之上的，扩展了NumPy的功能以执行高级的数学功能。NumPy中可用的基础的数学函数没有被重新设计以执行这些功能。我们还需要用到NumPy的函数，在本章随后的程序中将看到其应用。

5.2.2 高级模块/程序包

SciPy的功能被分成一些独立的任务特定的模块。我们将逐个讨论这些模块。为简洁起见，将不会谈到任一模块的所有函数，而是给出SciPy中每个模块的一些示例。

1. 积分

scipy.integrate子包中有几个用到不同积分方法的积分函数，包括对常微分方程的积分。当函数对象给定时，可以用几种积分函数。当固定样本给定时，也有几种积分函数。

下面是给定函数对象的积分函数。

- quad：通用积分
- dblquad：通用二重积分
- tplquad：通用三重积分
- nquad：通用*N*重积分
- fixed_quad：对func(x)做*N*维高斯积分
- quadrature：在给定容限范围内的高斯积分
- romberg：对函数做Romberg积分

下面是固定样本给定时的积分函数。

- cumtrapz：用梯形积分法计算积分
- simps：用辛氏法则从样本中计算积分
- romb：用Romberg积分法从(2**k + 1)个均匀间隔的样本中计算积分

下面是用于常微分方程中的积分函数。

- odeint：差分方程的通用积分
- ode：用VODE和ZVODE的方式进行ODE积分
- complex_ode：将复数值的ODE转化成实数并积分

来讨论上述列表中列举的函数。quad函数执行函数的通用积分，积分范围在负无穷大到正无穷大之间。在下面的程序中，用这个函数计算第一类贝赛尔函数在(0,20)区间的积分。第一类贝赛尔函数在special.jv中做了定义。下面程序的最后一行用quad函数计算了高斯积分：

```
import numpy as np
from scipy import special
from scipy import integrate

result = integrate.quad(lambda x: special.jv(4,x), 0, 20)
print result
print "Gaussian integral", np.sqrt(np.pi),quad(lambda x: np.exp(-
      x**2),-np.inf, np.inf)
```

如果函数在积分时需要额外的参数，例如变量进行乘或乘方的因子，那么这些参数就可以作为变量传入。下面的程序展示了将a、b和c作为变量传入quad函数。有时积分会慢慢地发散或收敛：

```
import numpy as np
from scipy.integrate import quad

def integrand(x, a, b, c):
    return a*x*x+b*x+c

a = 3
b = 4
c = 1
result = quad(integrand, 0,np.inf, args=(a,b,c))
print result
```

二重积分和三重积分可以用dblquad和tplquad函数来实现。下面的程序示范了dblquad函数的应用。变量t和x的变化范围从0到无穷（inf）。注释后面的代码在指定的区间做了高斯积分：

```
import numpy as np
from scipy.integrate import quad, dblquad, fixed_quad

def integrand1 (t, x, n):
    return np.exp(-x*t) / t**n

n = 4
result = dblquad(lambda t, x: integrand1(t, x, n), 0, np.inf, lambda
        x: 0, lambda x: np.inf)

# 下面代码实现固定间隔的高斯积分
from scipy.integrate import fixed_quad, quadrature

def integrand(x, a, b):
return a * x + b
a = 2
b = 1
fixed_result = fixed_quad(integrand, 0, 1, args=(a,b))
result = quadrature(integrand, 0, 1, args=(a,b))
```

对于带有任意间隔采样的函数的积分，可以用simps函数。辛普森法则可以估计三个相邻点间的函数为抛物线函数。下面的程序演示了simps函数：

```
import numpy as np
from scipy.integrate import simps
def func1(a,x):
    return a*x**2+2

def func2(b,x):
    return b*x**3+4

x = np.array([1, 2, 4, 5, 6])
y1 = func1(2,x)
```

5

```
Intgrl1 = simps(y1, x)

print(Intgrl1)

y2 = func2(3,x)
Intgrl2 = simps (y2,x)
print (Intgrl2)
```

下面的程序用odeint函数做常微分方程的积分：

```
import matplotlib.pyplot as plt
from numpy import linspace, array
def derivative(x,time):
    a = -2.0
    b = -0.1
    return array([ x[1], a*x[0]+b*x[1] ])
time = linspace (1.0,15.0,1000)
xinitialize = array ([1.05,10.2])
x = odeint(derivative,xinitialize,time)
plt.figure()
plt.plot(time,x[:,0])
plt.xlabel('t')
plt.ylabel('x')
plt.show()
```

2. 信号处理（scipy.signal）

信号处理工具箱包含一系列滤波函数、滤波器设计函数，以及对一维和二维数据进行B-样条插值的函数。这个工具箱包含的函数可以进行以下操作：

- 卷积
- B-样条
- 滤波
- 滤波器设计
- Matlab式的IIR滤波器设计
- 连续时间的线性系统
- 离散时间的线性系统
- 线性时不变系统
- 信号波形
- 窗函数
- 小波分析
- 谱峰的找寻
- 光谱分析

可通过一些示例程序来理解信号处理工具箱的功能。

detrend函数是一个滤波函数。该函数从数据中沿着坐标轴去除常量或线性趋势，使得我们可以看到高阶的效果。具体程序如下所示：

```
import numpy as np
import matplotlib as mpl
import matplotlib.pyplot as plt
from scipy import signal
t = np.linspace(0, 5, 100)
x = t + np.random.normal(size=100)
plt.plot(t, x, linewidth=3)
plt.show()
plt.plot(t, signal.detrend(x), linewidth=3)
plt.show()
```

下面的程序应用样条滤波来处理“Lena的脸”图像边缘，用`misc.lena`命令将这张图片数据当作一个数组。用两个函数实现滤波功能。首先，`cspline2d`命令将一个带有镜像对称边界的二维FIR滤波器应用于样条系数。这个函数比`convolve2d`函数快，`convolve2d`函数对任意二维滤波器卷积并允许你选择镜像对称边界：

```
import numpy as np
from scipy import signal, misc
import matplotlib.pyplot as plt
img = misc.lena()

splineresult = signal.cspline2d(img, 2.0)
arr1 = np.array([[-1,0,1], [-2,0,2], [-1,0,1]], dtype=np.float32)
derivative = signal.convolve2d(splineresult,arr1,boundary='symm'
        ,mode='same')
plt.figure()
plt.imshow(derivative)
plt.title('Image filtered by spline edge filter')
plt.gray()
plt.show()
```

3. 傅里叶变换（scipy.fftpack）

对实数或复数序列的离散傅里叶变换和离散傅里叶逆变换可以分别用`fft`和`ifft`函数来计算，`fft`是指快速傅里叶变换。下面的程序是一个示例：

```
import numpy as np
from scipy.fftpack import fft, ifft
x = np.random.random_sample(5)
y = fft(x)
print y
yinv = ifft(y)
print yinv
```

下面的程序画出了三个正弦函数的和的FFT：

```
import numpy as np
import matplotlib as mpl
import matplotlib.pyplot as plt
from scipy.fftpack import fft
```

```
x = np.linspace(0.0, 1, 500)
y = np.sin(100*np.pi*x) + 0.5*np.sin(150*np.pi*x) + 0.75*np.
sin(200*np.pi*x)
yf = fft(y)
xf = np.linspace(0.0, 0.1, 250)
import matplotlib.pyplot as plt
plt.plot(xf, 2.0/500 * np.abs(yf[0:500/2]))
plt.grid()
plt.show()
```

4. 空间数据结构和算法（scipy.spatial）

空间分析是一系列用于分析空间数据的技巧和算法。空间数据是指和地理空间或垂直空间相关的数据对象或元素。这种数据包括点、线、多边形、其他几何和地理特征信息，几何和地理特征信息可以映射为位置信息，用于跟踪或定位各种装置。这种提供地理或空间位置信息的数据可能是标量或是矢量的。空间数据被用于各种领域的各种应用，如地理学、地理信息系统/检索、基于位置的服务、基于网页和基于桌面的空间应用、空间挖掘，等等。

KD树（k-dimensional tree，k-d tree）是一种空间划分数据结构。它将所有点构建在*k*维空间中。在数学上，空间划分是将一个空间划分为多个相邻空间的过程。它将空间分成不重叠的区域，空间中的每个点只属于一个区域。

SciPy拥有支持各种空间计算功能的模块。用户可以计算Delaunay三角剖分、Voronoi图、*N*维凸包。SciPy还有画图工具，可以将这些计算结果画在二维空间中。此外，SciPy还支持`KDTree`功能（`scipy.spatial.KDTree`）实现快速近邻查找算法，还可以对初始向量集合进行距离矩阵的计算。

通过一些示例程序来看这些函数。下面的程序做了Delaunay三角剖分，并将计算结果用`pyplot`画出：

```
import numpy as np
import matplotlib.pyplot as plt
from scipy.spatial import Delaunay
arr_pt = np.array([[0, 0], [0, 1.1], [1, 0], [1, 1]])
arr1 = np.array([0., 0., 1., 1.])
arr2 = np.array([0., 1.1, 0., 1.])

triangle_result = Delaunay(arr_pt)
plt.triplot(arr1, arr2, triangle_result.simplices.copy())
plt.show()
plt.plot(arr1, arr2, 'ro')
plt.show()
```

最小的凸的对象包括给定点集合中的所有点，该对象被称作凸包，它可以用`convexHull`函数来计算。下面的程序展示了`convexHull`这个函数的应用，并将计算结果画出：

```
import numpy as np
```

```
from scipy.spatial import ConvexHull
import matplotlib.pyplot as plt
randpoints = np.random.rand(25, 2)
hull = ConvexHull(randpoints)
# 下面一行代码画图
plt.plot(randpoints[:,0], randpoints[:,1], 'x')
# 通过for循环画出各个线段
for simplex in hull.simplices:
    plt.plot(randpoints[simplex,0], randpoints[simplex,1], 'k')

plt.show()
```

可以用KDTree来查找点集中离选定点最近的点。下面的程序展示了KD树的应用：

```
from scipy import spatial
x_val, y_val = np.mgrid[1:5, 3:9]
tree_create = spatial.KDTree(zip(x_val.ravel(), y_val.ravel()))
tree_create.data
points_for_query = np.array([[0, 0], [2.1, 2.9]])
tree_create.query(points_for_query)
```

下面的程序显示了最近的距离和索引值：

```
import numpy as np
import matplotlib.pyplot as plt
from scipy.spatial import KDTree
vertx = np.array([[1, 1], [1, 2], [1, 3], [2, 1], [2, 2], [2, 3], [3,
1], [3, 2], [3, 3]])
tree_create = KDTree(vertx)
tree_create.query([1.1, 1.1])
x_vals = np.linspace(0.5, 3.5, 31)
y_vals = np.linspace(0.5, 3.5, 33)
xgrid, ygrid = np.meshgrid(x, y)
xy = np.c_[xgrid.ravel(), ygrid.ravel()]
plt.pcolor(x_vals, y_vals, tree.query(xy)[1].reshape(33, 31))
plt.plot(points[:,0], points[:,1], 'ko')
plt.show()
```

5. 最优化（scipy.optimize）

最优化是查找带一个或多个变量的对象函数在多个预先定义变量约束的条件下的最佳方案的过程。对象函数被当作代价函数以最小化，或者被当作利用函数或利益函数以最大化。优化问题有几点重要的事项，例如优化问题的维度和优化的类型。在解决优化问题之前，最好先了解这些事项然后再开始着手解决问题。对于维度的问题，我们指的标量变量的数量是用于寻找最优值的，变量的数量可以是一个或多个。这个变量的数量也会影响最优解的可扩展性。变量的数量越多，求解速度越慢。而且优化类型也会影响解的设计。

另一点需要考虑到的是该问题是否是一个约束问题。所谓约束问题，所指的是最终解必须满足一些预定的约束条件。例如，下面是一个通用约束最小化优化问题的程序：

```
目标函数:      最小化 f(x)
约束条件:      gi (x)= ai for i= 1 … … n
               Hj (x)>= bj for j= 1 … … m
```

最优解必须满足这些约束条件。问题的解取决于目标函数、约束条件和变量间的关系。此外，模型的大小也会影响最优解。模型的大小通过变量的数量和约束条件的数量来确定。通常模型的大小会有一个上限，该上限是优化求解软件或应用强制限定的。这个上限的引入主要是由较高的存储需求、问题的处理需求和数值稳定性决定的。这可能就会导致我们最终找不到最优解，或者求解的过程非常耗时，以致会让人觉得这个解没有收敛。

另外，优化问题可能是凸或非凸的问题。如果是一个凸问题，那么相对来说容易求解，因为它会有一个全局最小或最大值，并且不存在局部最小或最大值。

我们来详细讨论凸度（convexity）的概念。凸优化是在凸集合中最小化convex函数的过程。在某个区间的convex函数（该函数处理实数值）被称作convex函数，条件是图中任意两点间的线段在图中或在图之上。两个常用的convex函数是指数函数（$f(x)=e^x$）和二次函数（$f(x)=x^2$）。凸函数和非凸函数的一些例子如下图所示。

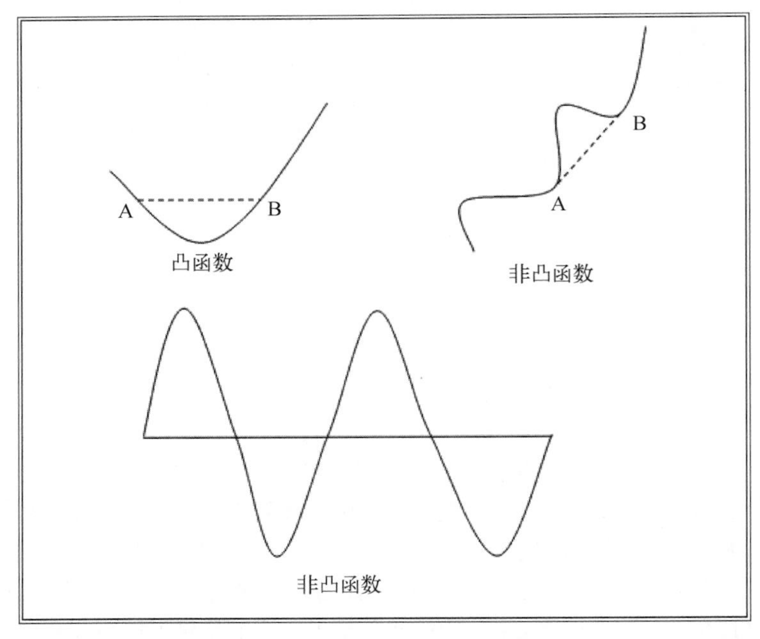

凸集合是指一个区域，该区域中如果我们用线段连接其中的两点，那么线段上的所有点都应该落在该区域中。下图演示了凸集合和非凸集合的区别。

scipy.optimize包提供了标量以及多维函数最小化、曲线拟合和根求解的最有用的函数。来看看如何用这些函数。

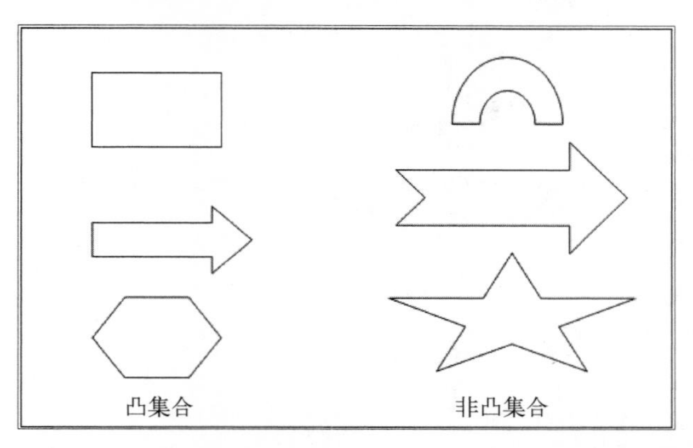

下面的程序展示了Broyden-Fletcher-Goldfarb-Shanno（BFGS）算法的运用。这个算法用目标函数的梯度来快速收敛求解。这个程序首先定义了一个叫rosen_derivative的函数来计算rosenbrock函数的梯度：

```
import numpy as np
from scipy.optimize import minimize
def rosenbrock(x):
    return sum(100.0*(x[1:]-x[:-1]**2.0)**2.0 + (1-x[:-1])**2.0)

x0 = np.array([1.3, 0.7, 0.8, 1.9, 1.2])

def rosen_derivative(x):
    x1 = x[1:-1]
    x1_m1 = x[:-2]
    x1_p1 = x[2:]
    derivative = np.zeros_like(x)
    derivative[1:-1] = 200*(x1-x1_m1**2) - 400*(x1_p1 - x1**2)*x1 -\
        2*(1-x1)
    derivative[0] = -400*x[0]*(x[1]-x[0]**2) - 2*(1-x[0])
    derivative[-1] = 200*(x[-1]-x[-2]**2)
    return derivative

res = minimize(rosenbrock, x0, method='BFGS', jac=rosen_derivative,
options={'disp': True})
```

下面的程序首先计算了Rosenbrock函数的海森矩阵，然后用牛顿共轭梯度法求函数最小值：

```
import numpy as np
from scipy.optimize import minimize

def rosenbrock(x):
    return sum(100.0*(x[1:]-x[:-1]**2.0)**2.0 + (1-x[:-1])**2.0)

x0 = np.array([1.3, 0.7, 0.8, 1.9, 1.2])

def rosen_derivative(x):
    x1 = x[1:-1]
```

```
    x1_m1 = x[:-2]
    x1_p1 = x[2:]
    derivative = np.zeros_like(x)
    derivative[1:-1] = 200*(x1-x1_m1**2) - 400*(x1_p1 - x1**2)*x1 - \
        2*(1-x1)
    derivative[0] = -400*x[0]*(x[1]-x[0]**2) - 2*(1-x[0])
    derivative[-1] = 200*(x[-1]-x[-2]**2)
    return derivative

def rosen_hessian(x):
    x_val = np.asarray(x)
    hess = np.diag(-400*x_val[:-1],1) - np.diag(400*x_val[:-1],-1)
    diagonal = np.zeros_like(x_val)
    diagonal[0] = 1200*x_val[0]**2-400*x_val[1]+2
    diagonal[-1] = 200
    diagonal[1:-1] = 202 + 1200*x_val[1:-1]**2 - 400*x_val[2:]
    hess = hess + np.diag(diagonal)
    return hess

result = minimize(rosenbrock, x0, method='Newton-CG', jac=rosen_
derivative, hess=rosen_hessian, options={'xtol': 1e-8, 'disp': True})
print result.x
```

minimize函数也有一个对多个约束条件最小化算法的接口。下面的程序用到Sequential Least Square Programming optimization（SLSQP）算法。这个被最小化的函数定义为func，它的导数被定义为func_deriv，约束条件在cons变量中定义：

```
import numpy as np
from scipy.optimize import minimize
def func(x, sign=1.0):
    return sign*(2*x[0]*x[1] + 2*x[0] - x[0]**2 - 2*x[1]**2)

def func_deriv(x, sign=1.0):
    dfdx0 = sign*(-2*x[0] + 2*x[1] + 2)
    dfdx1 = sign*(2*x[0] - 4*x[1])
    return np.array([ dfdx0, dfdx1 ])

cons = ({'type': 'eq',
    'fun': lambda x: np.array([x[0]**3 - x[1]]),
    'jac': lambda x: np.array([3.0*(x[0]**2.0), -1.0])},
    {'type': 'ineq',
    'fun': lambda x: np.array([x[1] - 1]),
    'jac': lambda x: np.array([0.0, 1.0])})

res = minimize(func, [-1.0,1.0], args=(-1.0,), jac=func_deriv,
method='SLSQP', options={'disp': True})
print(res.x)

res = minimize(func, [-1.0,1.0], args=(-1.0,), jac=func_
deriv,constraints=cons, method='SLSQP', options={'disp': True})
print(res.x)
```

下面的程序展示了寻找全局最小和局部最小的方法。首先，它定义了一个函数并将其画出。这个函数在-1.3全局最小，在3.8局部最小。BFGF算法用于寻找局部最小。这个程序用BFGF算法寻找全局最小。但是随着网格大小的增加（待检查值的范围），BFGF算法会变慢。所以对于标量函数最好用Brent算法。下面的程序还用到了fminbound函数来寻找0至10区间的局部最小：

```
import numpy as np
import matplotlib.pyplot as plt
from scipy import optimize

def f(x):
    return x**2 + 10*np.sin(x)

x = np.arange(-10,10,0.1)
plt.plot(x, f(x))
plt.show()

optimize.fmin_bfgs(f, 0)
grid = (-10, 10, 0.1)
optimize.brute(f, (grid,))
optimize.brent(f)
optimize.fminbound(f, 0, 10)
```

下面的程序展示了约束最优化的应用：

```
import numpy as np
from scipy import optimize
def f(x):
    return np.sqrt((x[0] - 2)**2 + (x[1] - 3)**2)

def constraint(x):
    return np.atleast_1d(2.5 - np.sum(np.abs(x)))

optimize.fmin_slsqp(f, np.array([0, 2]), ieqcons=[constraint, ])
optimize.fmin_cobyla(f, np.array([3, 4]), cons=constraint)
```

有多种方法可以求解多项式的根，下面三个程序分别用到了二分法、牛顿–拉斐森法和根函数。下面的程序用二分法求解polynomial_func函数中定义的多项式的根：

```
import scipy.optimize as optimize
import numpy as np

def polynomial_func(x):
    return np.cos(x)**3 + 4 - 2*x

print(optimize.bisect(polynomial_func, 1, 5))
```

下面的程序用牛顿–拉斐森法求解多项式的根：

```
import scipy.optimize
from scipy import optimize

def polynomial_func(xvalue):
```

```
    yvalue = xvalue + 2*scipy.cos(xvalue)
    return yvalue

scipy.optimize.newton(polynomial_func, 1)
```

在数学上，拉格朗日乘子法被用于寻找函数在等量约束的条件下的局部最小和局部最大。下面的程序用fsolve函数计算了拉格朗日乘子：

```
import numpy as np
from scipy.optimize import fsolve
def func_orig(data):
    xval = data[0]
    yval = data[1]
    Multiplier = data[2]
    return xval + yval + Multiplier * (xval**2 + yval**2 - 1)

def deriv_func_orig(data):
    dLambda = np.zeros(len(data))
    step_size = 1e-3 # 有限微分中使用的步长
    for i in range(len(data)):
    ddata = np.zeros(len(data))
    ddata[i] = step_size
    dLambda[i] = (func_orig(data+ddata)-func_orig(data-ddata))/\
            (2*step_size);
    return dLambda

data1 = fsolve(deriv_func_orig, [1, 1, 0])
print data1, func_orig(data1)

data2 = fsolve(deriv_func_orig, [-1, -1, 0])
print data2, func_orig(data2)
```

6. 插值（scipy.interpolate）

插值是在给定的已知的离散值集合范围内寻找新数据点的方法。interpolate子包包含插值运算的各种方法。它支持用spline函数、univariate函数和multivariate函数进行一维和多维插值，拉格朗日和泰勒多项式插值。对于FITPACK和DFITPACK函数，它还有封装类。我们来看上面提到的部分方法的示例程序。

这个程序展示了用线性和立方插值进行的一维插值，并且将插值结果画图进行比较：

```
import numpy as np
from scipy.interpolate import interp1d
x_val = np.linspace(0, 20, 10)
y_val = np.cos(-x**2/8.0)
f = interp1d(x_val, y_val)
f2 = interp1d(x_val, y_val, kind='cubic')
xnew = np.linspace(0, 20, 25)
import matplotlib.pyplot as plt
plt.plot(x,y,'o',xnew,f(xnew),'-', xnew, f2(xnew),'--')
plt.legend(['data', 'linear', 'cubic'], loc='best')
```

```
plt.show()
```

下面的程序展示了用griddata函数对超过150个点的多元数据进行插值。点的个数可以调整为合适的值。这个程序用pyplot在一个图像中生成四个子图：

```
import numpy as np
import matplotlib.pyplot as plt
from scipy.interpolate import griddata

def func_user(x, y):
    return x*(1-x)*np.cos(4*np.pi*x) * np.sin(4*np.pi*y**2)**2

x, y = np.mgrid[0:1:100j, 0:1:200j]

points = np.random.rand(150, 2)
values = func_user(points[:,0], points[:,1])
grid_z0 = griddata(points, values, (x, y), method='nearest')
grid_z1 = griddata(points, values, (x, y), method='linear')
grid_z2 = griddata(points, values, (x, y), method='cubic')

f, axarr = plt.subplots(2, 2)
axarr[0, 0].imshow(func(x, y).T, extent=(0,1,0,1), origin='lower')
axarr[0, 0].plot(points[:,0], points[:,1], 'k', ms=1)
axarr[0, 0].set_title('Original')

axarr[0, 1].imshow(grid_z0.T, extent=(0,1,0,1), origin='lower')
axarr[0, 1].set_title('Nearest')

axarr[1, 0].imshow(grid_z1.T, extent=(0,1,0,1), origin='lower')
axarr[1, 0].set_title('Linear')

axarr[1, 1].imshow(grid_z2.T, extent=(0,1,0,1), origin='lower')
axarr[1, 1].set_title('Cubic')

plt.show()
```

7. 线性代数（scipy.linalg）

SciPy线性代数将变量当作一个对象，这个对象可以转换成一个二维数组并返回一个二维数组。与numpy.linalg相比，scipy.linalg函数有更高级的特征。

下面的程序计算了矩阵（二维数组）的逆。它也用到T（转置的符号）和执行数组的乘法：

```
import numpy as np
from scipy import linalg
A = np.array([[2,3],[4,5]])
linalg.inv(A)
B = np.array([[3,8]])
A*B
A.dot(B.T)
```

这个小程序计算了矩阵的逆和行列式的值：

```
import numpy as np
from scipy import linalg
A = np.array([[2,3],[4,5]])
linalg.inv(A)
linalg.det(A)
```

下面的程序演示了通过逆矩阵和求解器快速求解线性方程组的方法：

```
import numpy as np
from scipy import linalg
A = np.array([[2,3],[4,5]])
B = np.array([[5],[6]])
linalg.inv(A).dot(B)
np.linalg.solve(A,B)
```

下面的程序求解一组线性标量系数并用模型进行数据拟合。这个程序用到linalg.lstsq求解数据拟合问题。lstsq方法被用于寻找线性矩阵方程的最小平方解。这个方法是针对给定数据点寻找最佳拟合线的工具。它使用线性代数和简单的积分：

```
import numpy as np
from scipy import linalg
import matplotlib.pyplot as plt
coeff_1, coeff_2 = 5.0, 2.0
i = np.r_[1:11] # 也可以用np.arang(1, 11)
x = 0.1*i
y = coeff_1*np.exp(-x) + coeff_2*x
z = y + 0.05 * np.max(y) * np.random.randn(len(y))

A = np.c_[np.exp(-x)[:, np.newaxis], x[:, np.newaxis]]
coeff, resid, rank, sigma = linalg.lstsq(A, zi)

x2 = np.r_[0.1:1.0:100j]
y2 = coeff[0]*np.exp(-x2) + coeff[1]*x2

plt.plot(x,z,'x',x2,y2)
plt.axis([0,1,3.0,5.5])
plt.title('Data fitting with linalg.lstsq')
plt.show()
```

下面的程序展示了用linag.svd和linag.diagsvd函数进行奇异值分解的方法：

```
import numpy as np
from scipy import linalg
A = np.array([[5,4,2],[4,8,7]])
row = 2
col = 3
U,s,Vh = linalg.svd(A)
Sig = linalg.diagsvd(s,row,col)
U, Vh = U, Vh
print U
print Sig
print Vh
```

8. 用ARPACK解决稀疏特征值问题

下面这个程序计算了标准特征值分解和对应的特征向量：

```
import numpy as np
from scipy.linalg import eigh
from scipy.sparse.linalg import eigsh
# 限制小数的位数
np.set_printoptions(suppress=True)

np.random.seed(0)
random_matrix = np.random.random((75,75)) - 0.5
random_matrix = np.dot(random_matrix, random_matrix.T)
# 计算特征值与特征向量
eigenvalues_all, eigenvectors_all = eigh(random_matrix)

eigenvalues_large, eigenvectors_large = eigsh(random_matrix, 3,
        which='LM')
print eigenvalues_all[-3:]
print eigenvalues_large
print np.dot(eigenvectors_large.T, eigenvectors_all[:,-3:])
```

如果我们要找最小的特征值，可以用`eigenvalues_small, eigenvectors_small = eigsh(random_matrix, 3, which='SM')`。在这个例子中系统返回了一个没有收敛的错误。有几种办法可以解决这个问题。第一个办法是通过将`tol=1E-2`传入`eigsh`函数增加容限值：`eigenvalues_small, eigenvectors_small = eigsh(random_matrix, 3, which='SM', tol=1E-2)`。这可以解决问题，但是会损失精度。

另一个解决办法是增加最大的迭代次数至5000，通过将`maxiter=5000`传入`eigsh`函数来实现：`eigenvalues_small, eigenvectors_small = eigsh(random_matrix, 3, which='SM', maxiter=5000)`。但是更多的迭代次数意味着更长的运行时间。还有一个更好的办法来解决快速性和精度问题，那就是用shift-inter模式，用到`sigma=0`或`2`和`which='LM'`参数：`eigenvalues_small, eigenvectors_small = eigsh(random_matrix, 3, sigma=0, which='LM')`。

9. 统计学（scipy.stats）

SciPy有很多统计函数可以用于数组的运算，还有用于掩码数组的特殊版本。下面的各个程序展示了部分连续和离散概率分布函数的应用。

下面的程序用到了离散二项式随机变量并画出了它的该概率质量函数。这是一个离散二项分布的概率质量函数：

```
binom.pmf(k) = choose(n, k) * p**k * (1-p)**(n-k)
```

在之前的代码中，k的取值范围是$(0,1,\cdots,n)$，其中n和p是形状参数：

```
import numpy as np
```

```
from scipy.stats import binom
import matplotlib.pyplot as plt

n, p = 5, 0.4
mean, variance, skewness, kurtosis = binom.stats(n, p, moments='mvsk')
x_var = np.arange(binom.ppf(0.01, n, p),binom.ppf(0.99, n, p))

plt.plot(x_var, binom.pmf(x_var, n, p), 'ro', ms=5, label='PMF of \
        binomial ')
plt.vlines(x_var, 0, binom.pmf(x_var, n, p), colors='r', lw=3,
        alpha=0.5)
plt.show()
```

下面的程序用到了几何离散随机变量并画出了概率质量函数：

```
geom.pmf(k) = (1-p)**(k-1)*p
```

这里$k \geqslant 1$，p是形状参数：

```
import numpy as np
from scipy.stats import geom
import matplotlib.pyplot as plt

p = 0.5
mean, variance, skewness, kurtosis = geom.stats(p, moments='mvsk')
x_var = np.arange(geom.ppf(0.01, p),geom.ppf(0.99, p))
plt.plot(x_var, geom.pmf(x_var, p), 'go', ms=5, label='PMF of\
         geomatric')
plt.vlines(x_var, 0, geom.pmf(x_var, p), colors='g', lw=3, alpha=0.5)

plt.show()
```

下面的程序展示了广义帕累托连续随机变量的计算并画出其概率密度函数：

```
genpareto.pdf(x, c) = (1 + c * x)**(-1 - 1/c)
# 如果c≥0，则x≥0；如果c<0，则0≤ x≤-1/c
import numpy as np
from scipy.stats import genpareto
import matplotlib.pyplot as plt
c = 0.1
mean, variance, skewness, kurtosis = genpareto.stats(c,
        moments='mvsk')
x_val = np.linspace(genpareto.ppf(0.01, c),genpareto.ppf(0.99, c),
        100)
plt.plot(x_val, genpareto.pdf(x_val, c),'b-', lw=3, alpha=0.6,
        label='PDF of Generic Pareto')
plt.show()
```

下面的程序展示了广义伽马连续型随机变量的计算并画出其概率密度函数：

```
gengamma.pdf(x, a, c) = abs(c) * x**(c*a-1) * exp(-x**c) / gamma(a)
```

这里，$r\,x > 0$，$a > 0$，$c \mathrel{!}= 0$。其中，a和c为形状参数：

```
import numpy as np
from scipy.stats import gengamma
import matplotlib.pyplot as plt
a, c = 4.41623854294, 3.11930916792
mean, variance, skewness, kurtosis = gengamma.stats(a, c,
        moments='mvsk')
x_var = np.linspace(gengamma.ppf(0.01, a, c),gengamma.ppf(0.99, a, c),
        100)
plt.plot(x_var, gengamma.pdf(x_var, a, c),'b-', lw=3, alpha=0.6,
        label='PDF of generic Gamma')
plt.show()
```

下面的程序展示了多元正态随机变量的计算并画出其概率密度函数。为简便起见，省略其概率密度函数：

```
import numpy as np
import matplotlib.pyplot as plt
from scipy.stats import multivariate_normal
x_var = np.linspace(5, 25, 20, endpoint=False)
y_var = multivariate_normal.pdf(x_var, mean=10, cov=2.5)
plt.plot(x_var, y_var)
plt.show()
```

也可以停止这些概率分布以展示其概率分布/质量函数。

10. 多维图像处理（scipy.ndimage）

通常图像处理和图像分析可以看作对二维数组的操作。这个包提供了图像处理和图像分析的各种函数。下面的代码处理了图像Lena。首先，这个程序在该图像中加入一些噪声，然后用一些滤波器来去除该噪声。它还展示了有噪声的图像以及分别用高斯滤波器、中值滤波器和signal.wiener滤波器的滤波效果：

```
import numpy as np
from scipy import signal
from scipy import misc
from scipy import ndimage
import matplotlib.pyplot as plt

lena = misc.lena()
noisy_lena = np.copy(lena).astype(np.float)
noisy_lena += lena.std()*0.5*np.random.standard_normal(lena.shape)
f, axarr = plt.subplots(2, 2)
axarr[0, 0].imshow(noisy_lena, cmap=plt.cm.gray)
axarr[0, 0].axis('off')
axarr[0, 0].set_title('Noissy Lena Image')
blurred_lena = ndimage.gaussian_filter(noisy_lena, sigma=3)
axarr[0, 1].imshow(blurred_lena, cmap=plt.cm.gray)
axarr[0, 1].axis('off')
axarr[0, 1].set_title('Blurred Lena')
median_lena = ndimage.median_filter(blurred_lena, size=5)
axarr[1, 0].imshow(median_lena, cmap=plt.cm.gray)
```

```
axarr[1, 0].axis('off')
axarr[1, 0].set_title('Median Filter Lena')
wiener_lena = signal.wiener(blurred_lena, (5,5))
axarr[1, 1].imshow(wiener_lena, cmap=plt.cm.gray)
axarr[1, 1].axis('off')
axarr[1, 1].set_title('Wiener Filter Lena')
plt.show()
```

以下截图是上面程序的输出。

11. 聚类

聚类是将一个大的对象集合分成多个组的过程。它用到了一些参数来判定一个对象和该组（也称类）内的对象更相似，而和其他类或组中的对象不相似。

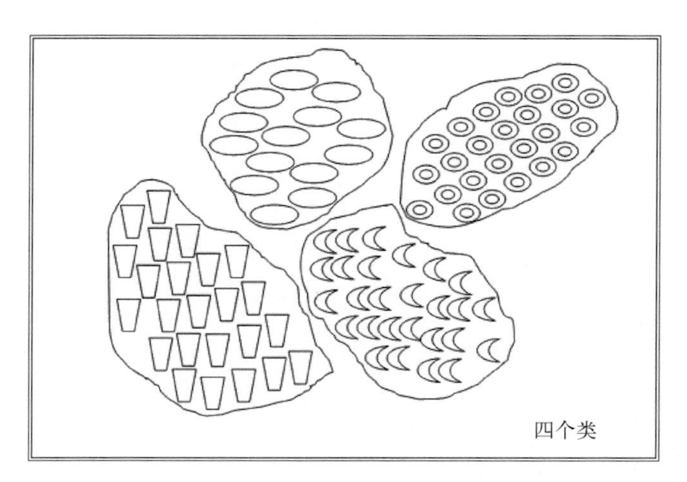

对象分成四个类

SciPy聚类包包括两个模块：向量量化（Vector Quantization，VQ）和层次聚类。VQ模块支持K-means聚类和向量量化。层次聚类模块支持分层聚类和聚合聚类。

来简单地了解这些算法。

- **向量量化**：VQ是使用户通过原型向量的分布来构建概率密度函数模型的信号处理技术。它通过将一个大的向量或点的集合分成多个组来完成建模，这些组在其近邻包括几乎相同数量的点。每个组都用中心点来表示。
- **K-means**：K-means是信号处理中的向量量化技术，广泛用于聚类分析。它按照与聚类中心距离最近的方式，把n个观察值划分为k个聚类。
- **层次聚类**：这种聚类方法是利用观察值建立一组聚类的层级。层次聚类技术大致可以分为以下两种类型。
  - **分离聚类**：这是一个生成层次聚类的自上而下的方法。它开始于最顶层的类，随着向下移动不断分裂。
  - **聚合聚类**：这是一个自下而上的方法。每个观察值是一个类，该方法在向上移动的过程中将类不断进行配对。

通常层次聚类的结果最终可以用树状图表示，如下图所示。

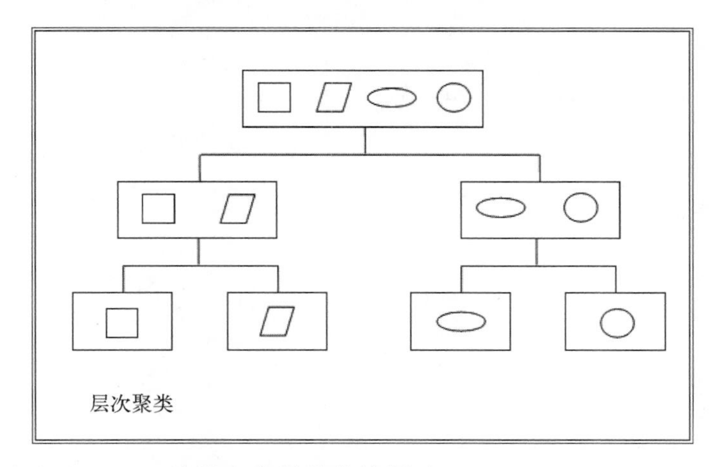

下面的程序展示了K-means聚类和向量量化的例子：

```
from scipy.cluster.vq import kmeans,vq
from numpy.random import rand
from numpy import vstack,array
from pylab import plot,show

data_set = vstack((rand(200,2) + array([.5,.5]),rand(200,2)))

# K-means聚类分成两个类
```

```
centroids_of_clusters,_ = kmeans(data_set,2)
index,_ = vq(data_set,centroids_of_clusters)

plot(data_set[index==0,0],data_set[index==0,1],'ob',
        data_set[index==1,0],data_set[index==1,1],'or')
plot(centroids_of_clusters[:,0],centroids_of_clusters[:,1],'sg',markersize=8)

show()

# 同样的数据分成三个类
centroids_of_clusters,_ = kmeans(data_set,3)
index,_ = vq(data_set,centroids_of_clusters)

plot(data_set[index==0,0],data_set[index==0,1],'ob',
        data_set[index==1,0],data_set[index==1,1],'or',
        data_set[index==2,0],data_set[index==2,1],'og') # 第三个类的点
plot(centroids_of_clusters[:,0],centroids_of_clusters[:,1],'sm', markersize=8)
show()
```

层次聚类的模块有很多函数，这些函数可以包括许多聚类方法，例如将层次聚类切分为扁平聚类的函数、聚合聚类函数、聚类可视化函数、数据结构，以及将层次聚类结果表示为树状图的函数、计算聚类层次的函数、检查链接和不规则指标有效性的推断函数，等等。下面的程序用linkage函数（聚合聚类）和dendrogram函数（层次聚类）画一个示例数据的树状图：

```
import numpy
from numpy.random import rand
from matplotlib.pyplot import show
from scipy.spatial.distance import pdist
import scipy.cluster.hierarchy as sch

x = rand(8,80)
x[0:4,:] *= 2

y = pdist(x)
z = sch.linkage(y)
sch.dendrogram(z)
show()
```

输出结果如下所示。

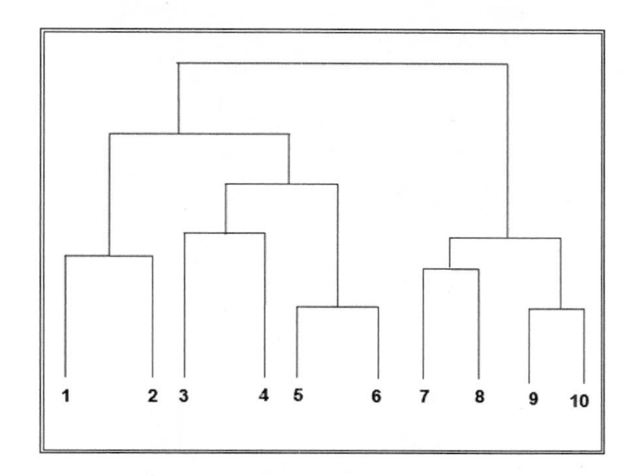

12. 曲线拟合

构造一个与数据序列最好地拟合的数学函数或曲线的过程即曲线拟合。通常，这个曲线拟合必须满足一些约束条件。曲线拟合的输出可以用于数据可视化，没有数据时也可以通过函数预测结果。曲线拟合也可以用来观察多个变量之间的关系。我们可以用不同类型的曲线做曲线拟合，如直线、多项式、圆锥曲线、三角函数、圆、椭圆等。

下面的程序首先生成了一些带噪声的随机数据。然后它定义了一个`line_func`函数来表示该模型并做曲线拟合。接下来求解实际参数a和b。最后画出误差：

```
import numpy as np
import matplotlib.pyplot as plt
from scipy.optimize import curve_fit

xdata = np.random.uniform(0., 50., 80)
ydata = 3. * xdata + 2. + np.random.normal(0., 5., 80)
plt.plot(xdata, ydata, '.')

def line_func(x, a, b):
    return a * x + b

opt_param, cov_estimated = curve_fit(line_func, xdata, ydata)

errors = np.repeat(5., 80)
plt.errorbar(xdata, ydata, yerr=errors, fmt=None)

opt_param, cov_estimated = curve_fit(line_func, xdata, ydata,
        sigma=errors)

print "a =", opt_param[0], "+/-", cov_estimated[0,0]**0.5
print "b =", opt_param[1], "+/-", cov_estimated[1,1]**0.5

plt.errorbar(xdata, ydata, yerr=errors, fmt=None)
```

```
xnew = np.linspace(0., 50., 80)
plt.plot(xnew, line_func(xnew, opt_param[0], opt_param[1]), 'r-')
plt.errorbar(xdata, ydata, yerr=errors, fmt=None)
plt.plot(xnew, line_func(xnew, *opt_param), 'r-')
plt.show()
```

下面的程序用cos三角函数做曲线拟合：

```
import numpy as np
from scipy import optimize
import pylab as pl

np.random.seed(0)

def func(x, omega, p):
    return np.cos(omega * x + p)

x = np.linspace(0, 10, 100)
y = f(x, 2.5, 3) + .1*np.random.normal(size=100)
params, params_cov = optimize.curve_fit(f, x, y)
t = np.linspace(0, 10, 500)
pl.figure(1)
pl.clf()
pl.plot(x, y, 'bx')
pl.plot(t, f(t, *params), 'r-')
pl.show()
```

13. 文件输入/输出（scipy.io）

SciPy用模块、类和函数提供了一系列文件格式的读和写的支持，这些文件包括：

- Matlab文件
- ALD文件
- Matrix Market文件
- 无格式的FORTRAN文件
- WAV声音文件
- ARFF文件
- NetCDF文件

下面的程序执行了NetCDF文件的读和写操作：

```
from scipy.io import netcdf
# 创建文件
f = netcdf.netcdf_file('TestFile.nc', 'w')
f.history = 'Test netCDF File Creation'
f.createDimension('age', 12)
age = f.createVariable('age', 'i', ('age',))
age.units = 'Age of persons in Years'
age[:] = np.arange(12)
f.close()
```

```
# 读取文件
f = netcdf.netcdf_file('TestFile.nc', 'r')
print(f.history)
age = f.variables['age']
print(age.units)
print(age.shape)
print(age[-1])
f.close()
```

同样，我们可以对其他类型的文件执行读和写操作。有一个加载文件的子模块，该子模块由`WEKA`机器学习工具生成。`WEKA`将文件存储为ARFF格式，该格式为`WEKA`的标准格式。ARFF是一个可能包含数值、字符串和数据值的文本文件。下面的程序读取和显示了test.arff文件中存储的数据。文件中的内容是`@relation foo; @attribute width numeric; @attribute height numeric; @attribute color {red,green,blue,yellow,black}; @data; 5.0,3.25, blue; 4.5,3.75,green; 3.0,4.00,red`。

下面的程序读取和显示了该文件内容：

```
from scipy.io import arff

file1 = open('test.arff')
data, meta = arff.loadarff(file1)

print data
print meta
```

5.3 小结

本章广泛地讨论了如何用Python的NumPy和SciPy包做数值计算。我们通过示例程序来理解这些概念。这一章从NumPy的基本对象开始讨论，然后学习了NumPy的高级功能。

这一章还讨论了SciPy的函数和模块。介绍了SciPy提供的基础函数和特殊函数，以及特殊的模块或子包。也介绍到了一些高级功能，如优化、插值、傅里叶变换、信号处理、线性代数、统计、空间算法、图像处理和文件的输入输出。

下一章将详尽地讨论用SymPy做符号运算或CAS，特别是学习多项式、微积分、求解方程、离散数学、几何和物理的核心功能与扩展功能。

第6章

用Python做符号计算

6

SymPy包括许多功能，从基本的符号算术到多项式、微积分、求解方程、离散数学、几何、统计和物理。它主要处理三种类型的数据：整型数据、实数和有理数。整数即不带小数点的数字，而实数是带小数点的数字。有理数包括两个部分：分子和分母。可以用Ration类定义有理数，该类需要两个数字。在这一章中，我们将通过示例程序来理解SymPy的概念。

这一章将学习以下主题：

- 用SymPy的计算机代数系统
- 核心功能和高级功能
- 多项式、微积分和求解方程
- 离散数学、矩阵、几何、画图、物理和统计
- 打印功能

首先讨论SymPy的核心功能，包括基本的算术、扩展、简化、替换、模式匹配和各种函数（例如指数函数、对数函数、方程的根、三角函数、双曲线函数和特殊函数）。

6.1 符号、表达式和基本运算

在SymPy中，在任何表达式中使用符号前，必须先定义该符号。定义符号很简单。只需要用Symbol类中的symbol函数来定义一个符号即可，下面的程序就用到了这种方式。我们可以用evalf()/n()来获得任何对象的浮点近似值。

下面的程序用了三种方法来生成符号。对于只生成一个符号的，函数命名为symbol；对于生成多个符号的，函数命名为symbols。有两种方法可以生成多个符号：第一种是将用空格分隔的符号名称传入符号函数；第二种方法是将m0:5传入符号函数，生成一个如m0，m1，m2，m3，m4的符号序列。在第二种方法中，m0是第一个索引值，冒号后的5表示生成五个这样的变量。

通常，两个整数的除会删除小数点后面的部分。为了避免这种情况，下面程序的第一行强制了两个整数的除的结果为浮点类型。这就是为什么程序的最后一行将3.142857142857143存入y中。如果忽略程序的第一行，那么y的值是3：

```
from __future__ import division
from sympy import *

x, y, z = symbols('x y z')
m0, m1, m2, m3, m4 = symbols('m0:5')
x1 = Symbol('x1')
x1 + 500
y=22/7
```

下面的程序用`evalf()`和`n()`函数将任何SymPy对象的数值近似转换为浮点值。默认的精度是小数点后15位，而且可以通过调整参数改成任何想要的精度：

```
from __future__ import division
from sympy import, sin, pi

x=sin(50)

pi.evalf()
pi.evalf(50)

x.n()
x.n(20)
```

下面的程序展示了表达式的概念，以及用`collect`、`expand`、`factor`、`simplify`和`subs`进行的各种操作：

```
from sympy import collect, expand, factor, simplify
from sympy import Symbol, symbols
from sympy import sin, cos

x, y, a, b, c, d = symbols('x y a b c d')

expr = 5*x**2+2*b*x**2+cos(x)+51*x**2
simplify(expr)

factor(x**2+x-30)
expand ( (x-5) *(x+6) )

collect(x**3 + a*x**2 + b*x**2 + c*x + d, x)

expr = sin(x)*sin(x) + cos(x)*cos(x)
expr
expr.subs({x:5, y:25})
expr.subs({x:5, y:25}).n()
```


6.2 求解方程

`solve`是一个神奇的函数。它可以求解各种类型的方程。这个函数返回方程的解。它需要两个输入参数：待解的表达式和变量。下面的程序用这个函数求解了各种方程。在以下的方程中，假设方程等式右边的值是0：

```
from sympy import solve, symbols

a, b, c, x, y = symbols('a b c x y')

solve (6*x**2 - 3*x - 30,x)
solve(a*x**2 + b*x + c, x)
substitute_solution = solve(a*x**2 + b*x + c, x)
[ substitute_solution[0].subs({'a':6,'b':-3,'c':-30}),
    substitute_solution[1].subs({'a':6,'b':-3,'c':-30}) ]

solve([2*x + 3*y - 3, x -2*y + 1], [x, y]
)
```

为了求解方程组，我们有另一种形式的solve函数。它将一系列的方程作为第一个输入参数，将未知数列表作为第二个参数，如下面的程序所示：

```
from sympy import solve, symbols

x, y = symbols('x y')
solve ([2*x + y - 4, 5*x - 3*y],[x, y])
solve ([2*x + 2*y - 1, 2*x - 4*y],[x, y])
```

6.3 有理数、指数和对数函数

SymPy有很多函数可以用于处理有理数。这些函数可以对有理数做简化、扩展、合并、拆分等操作。SymPy还支持一些指数和对数操作。有三个对数函数：log（用于计算以*b*为底的对数）、ln（用于计算以欧拉常数e为底的自然对数）和log10（用于以10为底的对数）。log函数需要两个参数：变量和底。如果底没有被指定，那么这个函数会默认以自然对数计算该变量，也就是等价于ln。为了计算两个有理数的加法，我们用together函数。类似地，计算有理数的除法，我们用到apart函数，如下面的程序所示：

```
from sympy import together, apart, symbols, exp, log, ln
import mpmath
x1, x2, x3, x4, x = symbols('x1 x2 x3 x4 x')
x1/x2 + x3/x4
together(x1/x2 + x3/x4)

apart ((2*x**2+3*x+4)/(x+1))
together(apart ((2*x**2+3*x+4)/(x+1)))

exp(1)
log(4).n()
log(4,4).n()
ln(4).n()
mpmath.log10(4)
```

6.4 多项式

SymPy也允许我们定义和执行多项式的各种操作。我们还可以求解多项式的根。我们已经介绍过simplify、expand、factor和solve函数。这些函数也适用于多项式。为了检查两个多项式是否相等，应该用simplify函数：

```
from sympy import *

p, q, x = symbols ('p q x')
p = (x+4)*(x+2)
q = x**2 + 6*x + 8
p == q # 返回False
p - q == 0 # 返回False
simplify(p - q) == 0
```

6.5 三角函数和复数

大部分时候，三角函数的输入是弧度值，反三角函数返回的也是弧度值。这个模块也提供了从度数到弧度值的转换和从弧度值到度数的转换。除了sin、cos和tan这样的基本三角函数，SymPy还有简化和扩展的三角函数。

SymPy还支持在不存在实数解的情况下的复数解。例如等式*x***2+4=0，这个方程没有实数解，它的解是−2**I*或+2**I*（*I*表示−1的平方根）。下面的程序展示了三角函数，并且用复数值形式给出了这个方程的解：

```
from sympy import *
x, y = symbols('x y')
expr = sin(x)*cos(y)+cos(x)*sin(y)
expr_exp= exp(5*sin(x)**2+4*cos(x)**2)

trigsimp(expr)
trigsimp(expr_exp)
expand_trig(sin(x+y))
solve(x**2+4,x) #结果是复数
```

6.6 线性代数

SymPy线性代数模块是另外一个非常简单的模块，该模块中的函数的矩阵操作都非常简单易学。它包括对矩阵的各种操作，例如快速特殊矩阵的构建、特征值、特征向量、转置、行列式的值和逆。有三个函数可以快速生成特殊矩阵，分别是eye、zeros和ones。eye函数生成一个实体矩阵，而zeros和ones生成的矩阵的全部元素分别是0和1。如果需要的话，我们可以删除矩阵中某些选中的行和列。基本算术运算，如+、-、*和**，也可以用于矩阵：

```
from sympy import *
A = Matrix( [[1, 2, 3, 4],
            [5, 6, 7, 8],
            [ 9, 10, 11, 12],
            [ 13, 14, 15, 16]] )
A.row_del(3)
```

6

```
A.col_del(3)

A[0,1] # 显示矩阵A的第一行第二列
A[0:2,0:3] # 左上角的2×3子矩阵

B = Matrix ([[1, 2, 3],
            [5, 6, 7],
            [ 9, 10, 11]] )
A.row_join(B)
B.col_join(B)
A + B
A - B
A *B
A **2
eye(3) # 单位矩阵 (identity matrix)
zeros(3, 3) # 3×3全0矩阵
ones(3, 3) # 3×3全1矩阵

A.transpose() # 等价于A.T
M = Matrix( [[1, 2, 3],
            [4, 5, 6],
            [7, 8, 10]] )
M.det()
```

默认情况下，矩阵的逆是用高斯消元法计算得出的，也可以指定用LU分解法来计算。SymPy有很多函数可以用来计算简化的行阶梯形（`rref`函数）和零空间（`nullspace`函数）。如果A是一个矩阵，那么`nullspace`就是所有向量v的集合，满足$A\ v=0$。还可以对矩阵元素做替换操作。我们可以用符号实体生成一个矩阵，然后用实际的值和其他符号来做替换。还可以做一些特殊的操作，如QR因式分解、Gram-Schmidt正交化和LU分解：

```
from sympy import *
A = Matrix( [[1,2],
            [3,4]] )
A.inv()
A.inv()*A
A*A.inv()
A = Matrix( [[ 1, -2],
            [-2, 3]] )
A.eigenvals() # 等价于solve( det(A-eye(2)*x), x)
A.eigenvects()
A.rref()

A.nullspace()

x = Symbol('x')
M = eye(3) *x
M.subs(x, 4)
y = Symbol('y')
M.subs(x, y)

M.inv()
M.inv("LU")
```

```
A = Matrix([[1,2,1],[2,3,3],[1,3,2]])
Q, R = A.QRdecomposition()
Q

M = [Matrix([1,2,3]), Matrix([3,4,5]), Matrix([5,7,8])]
result1 = GramSchmidt(M)
result2 = GramSchmidt(M, True)
```

6.7 微积分

微积分涉及用于研究任何函数的各种性质的操作。这些操作包括变化率、函数的极限以及函数图像在一段区间的积分。在这一节中，你将学到极限、导数、序列的求和以及积分。下面的程序用到极限函数来解决简单的极限问题：

```
from sympy import limit, oo, symbols, exp, sin, cos

oo+5
67000 < oo
10/oo

x , n = symbols ('x n')
limit( ((x**n - 1)/ (x - 1) ), x, 1)

limit( 1/x**2, x, 0)
limit( 1/x, x, 0, dir="-")

limit(cos(x)/x, x, 0)
limit(sin(x)**2/x, x, 0)
limit(exp(x)/x,x,oo)
```

任何SymPy表达式都可以用`diff`函数进行微分，`diff`函数的原型是`diff(func_to_be_differentiated, variable)`。下面的程序用到了`diff`函数来计算各种SymPy表达式的微分：

```
from sympy import diff, symbols, Symbol, exp, dsolve, subs, Function
from sympy import *

x = symbols('x')

diff(x**4, x)
diff( x**3*cos(x), x )
diff( cos(x**2), x )
diff( x/sin(x), x )
diff(x**3, x, 2)
diff( exp(x), x)
```

`dsolve`函数帮助我们求解任何常微分方程和常微分方程组。下面的程序展示了用`dsolve`函数求解常微分方程组和边界值的问题：

```
x = symbols('x')
f = symbols('f', cls=Function)
```

```
dsolve( f(x) - diff(f(x),x), f(x) )

#ics参数用Python字典确定dsolve方法的边界
from sympy import *
x=symbols('x')
f=symbols('f', cls=Function)
dsolve(Eq(f(x).diff(x,x), 400*(f(x)-1+2*x)), f(x), ics={f(0):5, f(2):10})
# 上面这行代码就是计算f(x) = C1*e^-30x + C2*e^30x - 2x + 1的结果
```

下面的程序用于寻找函数$f(x)=4x^3-3x^2+2x$的临界点，并用二次导数来找该函数在[0,1]区间的最大值：

```
x = Symbol('x')
f = 4*x**3-3*x**2+2*x
diff(f, x)
sols = solve( diff(f,x), x)
sols
diff(diff(f,x), x).subs( {x:sols[0]} )
diff(diff(f,x), x).subs( {x:sols[1]} )
```

在SymPy中，可以用`integrate`函数计算定积分和不定积分。下面的程序计算了定积分和不定积分，并用符号定义这些积分。为了计算实际值，在下面的程序的最后一行调用`n()`计算积分：

```
from sympy import *

x = symbols('x')

integrate(x**3+1, x)
integrate(x*sin(x), x)
integrate(x+ln(x), x)

F = integrate(x**3+1, x)
F.subs({x:1}) - F.subs({x:0})

integrate(x**3-x**2+x, (x,0,1))   # 定积分
integrate(sin(x)/x, (x,0,pi))    # 定积分
integrate(sin(x)/x, (x,pi,2*pi))  # 定积分
integrate(x*sin(x)/(x+1), (x,0,2*pi))  # 定积分
integrate(x*sin(x)/(x+1), (x,0,2*pi)).n()
```

序列是将整数作为输入的函数，可以通过为其第n个值指定一个表达式来定义一个序列。还可以替换其中的某些值。下面的程序用到了SymPy中的一些简单序列来解释序列的概念：

```
from sympy import *

n = symbols('n')

s1_n = 1/n
s2_n = 1/factorial(n)
s1_n.subs({n:5})
[ s1_n.subs({n:index1}) for index1 in range(0,8) ]
[ s2_n.subs({n:index1}) for index1 in range(0,8) ]
limit(s1_n, n, oo)
```

```
limit(s2_n, n, oo)
```

一个包含变量不同阶指数[①]的级数称为幂级数，例如泰勒级数、指数级数和sin/cos级数。下面的程序用一些特殊函数计算了一些级数。它还用到了幂级数的概念：

```
from sympy import *

x, n = symbols('x n')

s1_n = 1/n
s2_n = 1/factorial(n)
summation(s1_n, [n, 1, oo])
summation(s2_n, [n, 0, oo])
import math

def s2_nf(n):
    return 1.0/math.factorial(n)

sum( [s2_nf(n) for n in range(0,10)] )
E.evalf()

exponential_xn = x**n/factorial(n)
summation( exponential_xn.subs({x:5}), [x, 0, oo] ).evalf()
exp(5).evalf()

summation( exponential_xn.subs({x:5}), [x, 0, oo])
import math # 用Python再做一版
def exponential_xnf(x,n):
    return x**n/math.factorial(n)

sum( [exponential_xnf(5.0,i) for i in range(0,35)] )
series( sin(x), x, 0, 8)
series( cos(x), x, 0, 8)
series( sinh(x), x, 0, 8)
series( cosh(x), x, 0, 8)
series(ln(x), x, 1, 6) # ln(x)在x=1时的泰勒级数
series(ln(x+1), x, 0, 6) # ln(x+1)的麦克劳林级数
```

6.8 向量

一个包括实数值的n元组就是一个向量。在物理和数学中，一个向量是一个数学对象，该对象拥有大小、幅度或长度，以及方向。在SymPy中，一个向量表示为一个$1 \times n$的行矩阵或$n \times 1$的列矩阵。下面的程序展示了SymPy中向量计算的概念。它计算了向量的转置和范数：

```
from sympy import *
u = Matrix([[1,2,3]]) # 一个行向量等于1×3矩阵
v = Matrix([[4],
            [5],     # 一个行向量等于3×1矩阵
            [6]])
```

① 变量x的N次方。——译者注

```
v.T # 转置操作
u[1] # 向量索引从0开始
u.norm() # u的范数
uhat = u/u.norm() # 与u同维度的单位向量
uhat
uhat.norm()
```

下面的程序展示了点积、叉积和向量的投影操作：

```
from sympy import *
u = Matrix([ 1,2,3])
v = Matrix([-2,3,3])
u.dot(v)

acos(u.dot(v)/(u.norm()*v.norm())).evalf()
u.dot(v) == v.dot(u)
u = Matrix([2,3,4])
n = Matrix([2,2,3])
(u.dot(n) / n.norm()**2)*n # 向量v在向量n上的投影

w = (u.dot(n) / n.norm()**2)*n
v = u - (u.dot(n)/n.norm()**2)*n # 等价于u - w
u = Matrix([ 1,2,3])
v = Matrix([-2,3,3])
u.cross(v)
(u.cross(v).norm()/(u.norm()*v.norm())).n()

u1,u2,u3 = symbols('u1:4')
v1,v2,v3 = symbols('v1:4')
Matrix([u1,u2,u3]).cross(Matrix([v1,v2,v3]))
u.cross(v)
v.cross(u)
```

6.9 物理模块

物理模块包括了解决物理问题的各种功能。它还包括一些物理子模块，进行向量物理、经典力学、量子力学、光学等操作。

6.9.1 氢波函数

该类型下有两个函数。第一个函数计算Hartree原子单位制中(n, l)态的能量。另一个函数计算Hartree原子单位制中(n, l, spin)态的相对论能量。下面的程序展示了这两个函数的运用：

```
from sympy.physics.hydrogen import E_nl, E_nl_dirac, R_nl
from sympy import var

var("n Z")
var("r Z")
var("n l")
E_nl(n, Z)
```

```
E_nl(1)
E_nl(2, 4)

E_nl(n, l)
E_nl_dirac(5, 2) # l应该小于n
E_nl_dirac(2, 1)
E_nl_dirac(3, 2, False)
R_nl(5, 0, r) # 默认z = 1
R_nl(5, 0, r, 1)
```

6.9.2 矩阵和 Pauli 代数

在physics.matrices模块下有一些与物理相关的矩阵。下面的程序展示了如何获得这些矩阵和Pauli代数：

```
from sympy.physics.paulialgebra import Pauli, evaluate_pauli_product
from sympy.physics.matrices import mdft, mgamma, msigma, pat_matrix
from sympy import symbols

x = symbols('x')

mdft(4) # 用离散傅里叶变换做矩阵乘法
mgamma(2) # 狄拉克-伽玛矩阵的狄拉克表示
msigma(2) # Pauli矩阵

# 下面这行代码计算平行轴定理矩阵，即质量为m的刚体沿着x轴、y轴、z轴
# 转动(dx, dy, dz)距离的转动惯量
pat_matrix(3, 1, 0, 0)

evaluate_pauli_product(4*x*Pauli(3)*Pauli(2))
```


6.9.3 一维和三维量子谐振子

这个模块包含用于计算一维谐振子、三维各向同性谐振子、一维谐振子的波函数和三维各向同性谐振子的径向波函数的函数。下面的程序用到了这个模块中的可用函数：

```
from sympy.physics.qho_1d import E_n, psi_n
from sympy.physics.sho import E_nl, R_nl
from sympy import var

var("x m omega")
var("r nu l")
x, y, z = symbols('x, y, z')

E_n(x, omega)
psi_n(2, x, m, omega)
E_nl(x, y, z)

R_nl(1, 0, 1, r)
R_nl(2, l, 1, r)
```

6.9.4　二次量子化

用于分析和描述一个多体系统的量子的概念称为二次量子化。这个模块包括了二次量子化操作的类和玻色子的状态。在导入`sympy.abc`时可以用预定义的符号：

```
from sympy.physics.secondquant import Dagger, B, Bd
from sympy.functions.special.tensor_functions import KroneckerDelta
from sympy.physics.secondquant import B, BKet, FockStateBosonKet
from sympy.abc import x, y, n
from sympy.abc import i, j, k
from sympy import Symbol, sqrt
from sympy import I

Dagger(2*I)
Dagger(B(0))
Dagger(Bd(0))

KroneckerDelta(1, 2)
KroneckerDelta(3, 3)

# 预定义变量时可以使用希腊字母
KroneckerDelta(i, j)
KroneckerDelta(i, i)
KroneckerDelta(i, i + 1)
KroneckerDelta(i, i + 1 + k)

a = Symbol('a', above_fermi=True)
i = Symbol('i', below_fermi=True)
p = Symbol('p')
q = Symbol('q')
KroneckerDelta(p, q).indices_contain_equal_information
KroneckerDelta(p, q+1).indices_contain_equal_information
KroneckerDelta(i, p).indices_contain_equal_information

KroneckerDelta(p, a).is_above_fermi
KroneckerDelta(p, i).is_above_fermi
KroneckerDelta(p, q).is_above_fermi

KroneckerDelta(p, a).is_only_above_fermi
KroneckerDelta(p, q).is_only_above_fermi
KroneckerDelta(p, i).is_only_above_fermi

B(x).apply_operator(y)

B(0).apply_operator(BKet((n,)))
sqrt(n)*FockStateBosonKet((n - 1,))
```

6.9.5　高能物理

高能物理是对物质的基本构成及粒子间相互作用力的研究。下面的程序展示了这个模块中的类和函数的应用：

```
from sympy.physics.hep.gamma_matrices import GammaMatrixHead
from sympy.physics.hep.gamma_matrices import GammaMatrix,DiracSpinorIndex
from sympy.physics.hep.gamma_matrices import GammaMatrix as GM
from sympy.tensor.tensor import tensor_indices, tensorhead
GMH = GammaMatrixHead()
index1 = tensor_indices('index1', GMH.LorentzIndex)
GMH(index1)

index1 = tensor_indices('index1', GM.LorentzIndex)
GM(index1)

GM.LorentzIndex.metric

p, q = tensorhead('p, q', [GMH.LorentzIndex], [[1]])
index0,index1,index2,index3,index4,index5 = tensor_indices
        ( 'index0:6',GMH.LorentzIndex)
ps = p(index0)*GMH(-index0)
qs = q(index0)*GMH(-index0)
GMH.gamma_trace(GM(index0)*GM(index1))
GMH.gamma_trace(ps*ps) - 4*p(index0)*p(-index0)
GMH.gamma_trace(ps*qs + ps*ps) - 4*p(index0)*p(-index0) - \
        4*p(index0)*q(-index0)

p, q = tensorhead('p, q', [GMH.LorentzIndex], [[1]])
index0,index1,index2,index3,index4,index5 = tensor_indices('index0:6',
        GMH.LorentzIndex)
ps = p(index0)*GMH(-index0)
qs = q(index0)*GMH(-index0)
GMH.simplify_gpgp(ps*qs*qs)

index0,index1,index2,index3,index4,index5 = tensor_indices('index0:6',
        GM.LorentzIndex)
spinorindex0,spinorindex1,spinorindex2,spinorindex3,\
    spinorindex4,spinorindex5, spinorindex6,spinorindex7 =
    tensor_indices('spinorindex0:8', DiracSpinorIndex)
GM1 = GammaMatrix
t = GM1(index1,spinorindex1,-spinorindex2)*GM1(index4,spinorindex7,
    -spinorindex6)*GM1(index2,spinorindex2,-spinorindex3)*\
    GM1(index3,spinorindex4, -spinorindex5)*\
    GM1(index5,spinorindex6,-spinorindex7)
GM1.simplify_lines(t)
```

6.9.6 力学

SymPy有一个模块包括了处理机械系统所需的工具，该模块提供了操作参考系、力和力矩的相关功能。下面的程序计算了可以作用在任意对象上的合力。作用于一个对象的合力是作用于该对象的所有力的和。因为力是向量，所以力的和是向量相加。

```
from sympy import *
Func1 = Matrix( [4,0] )
```

```
Func2 = Matrix( [5*cos(30*pi/180), 5*sin(30*pi/180) ] )
Func_net = Func1 + Func2
Func_net
Func_net.evalf()

Func_net.norm().evalf()
(atan2( Func_net[1],Func_net[0] )*180/pi).n()

t, a, vi, xi = symbols('t vi xi a')
v = vi + integrate(a, (t, 0,t) )
v
x = xi + integrate(v, (t, 0,t) )
x

(v*v).expand()
((v*v).expand() - 2*a*x).simplify()
```

如果一个对象上的合力是一个常数，那么这个常力引起的就是有恒定加速度的运动。下面的程序展示了这个概念，它还用到了均匀加速运动（uniform-acceleration motion，UAM）的概念。下面的程序中还展示了势能的概念：

```
from the sympy import *
xi = 20 # 初始位置
vi = 10 # 初始速度
a = 5 # 加速度（固定值）
x = xi + integrate( vi+integrate(a,(t,0,t)), (t,0,t) )
x
x.subs({t:3}).n() # x(3)单位m
diff(x,t).subs({t:3}).n() # v(3)单位为m/s

t, vi, xi, k = symbols('t vi xi k')
a = sqrt(k*t)
x = xi + integrate( vi+integrate(a,(t,0,t)), (t, 0,t) )
x

x, y = symbols('x y')
m, g, k, h = symbols('m g k h')
F_g = -m*g # 质量m的物体所受的重力
U_g = - integrate( F_g, (y,0,h) )
U_g
F_s = -k*x # 根据胡克定律，弹簧被拉伸位移x后的弹力
U_s = - integrate( F_s, (x,0,x) )
U_s
```

下面的程序用`dsolve`函数来寻找微分方程的位置函数。该微分方程表示了质量弹簧系统的运动：

```
from sympy import *
t = Symbol('t') # 时间t
x = Function('x') # 位置函数x(t)
w = Symbol('w', positive=True) # 角速度w
sol = dsolve( diff(x(t),t,t) + w**3*x(t), x(t) )
```

```
sol
x = sol.rhs
x

A, phi = symbols("A phi")
(A*cos(w*t - phi)).expand(trig=True)

x = sol.rhs.subs({"C1":0,"C2":A})
x
v = diff(x, t)
E_T = (0.3*k*x**3 + 0.3*m*v**3).simplify()
E_T
E_T.subs({k:m*w**4}).simplify()
E_T.subs({w:sqrt(k/m)}).simplify()
```

6.10　漂亮的打印功能

SymPy可以用ASCII和Unicode字符漂亮地打印输出。SymPy有一些可用的打印机。下面是最常用的SymPy打印机：

- LaTeX
- MathML
- Unicode漂亮字符打印机
- ASCII漂亮字符打印机
- Str
- dot
- repr

下面的程序展示了用前面提到的ASCII和Unicode打印机函数打印各种表达式的例子：

```
from sympy.interactive import init_printing
from sympy import Symbol, sqrt
from sympy.abc import x, y
sqrt(21)
init_printing(pretty_print=True)
sqrt(21)
theta = Symbol('theta')
init_printing(use_unicode=True)
theta
init_printing(use_unicode=False)
theta
init_printing(order='lex')
str(2*y + 3*x + 2*y**2 + x**2+1)
init_printing(order='grlex')
str(2*y + 3*x + 2*y**2 + x**2+1)
init_printing(order='grevlex')
str(2*y *x**2 + 3*x *y**2)
init_printing(order='old')
```

```
str(2*y + 3*x + 2*y**2 + x**2+1)
init_printing(num_columns=10)
str(2*y + 3*x + 2*y**2 + x**2+1)
```

下面的程序用LaTeX打印机打印。当发布文档或者出版物中的计算结果时，这种方式非常实用，也正是一个科学家的最常见需求：

```
from sympy.physics.vector import vprint, vlatex, ReferenceFrame, dynamicsymbols

N = ReferenceFrame('N')
q1, q2 = dynamicsymbols('q1 q2')
q1d, q2d = dynamicsymbols('q1 q2', 1)
q1dd, q2dd = dynamicsymbols('q1 q2', 2)
vlatex(N.x + N.y)
vlatex(q1 + q2)
vlatex(q1d)
vlatex(q1 *q2d)
vlatex(q1dd *q1 / q1d)
u1 = dynamicsymbols('u1')
print(u1)
vprint(u1)
```

LaTex 打印

LaTex打印用`LatexPrinter`类来实现。它有一个函数可以将给定的表达式转换为LaTex的表述。下面的程序展示了将一些数学表达式转换为LaTex的表述的例子：

```
from sympy import latex, pi, sin, asin, Integral, Matrix, Rational
from sympy.abc import x, y, mu, r, tau

print(latex((2*tau)**Rational(15,4)))
print(latex((2*mu)**Rational(15,4), mode='plain'))
print(latex((2*tau)**Rational(15,4), mode='inline'))
print(latex((2*mu)**Rational(15,4), mode='equation*'))
print(latex((2*mu)**Rational(15,4), mode='equation'))
print(latex((2*mu)**Rational(15,4), mode='equation', itex=True))
print(latex((2*tau)**Rational(15,4), fold_frac_powers=True))
print(latex((2*tau)**sin(Rational(15,4))))
print(latex((2*tau)**sin(Rational(15,4)), fold_func_brackets = True))
print(latex(4*x**2/y))
print(latex(5*x**3/y, fold_short_frac=True))
print(latex(Integral(r, r)/3/pi, long_frac_ratio=2))
print(latex(Integral(r, r)/3/pi, long_frac_ratio=0))
print(latex((4*tau)**sin(Rational(15,4)), mul_symbol="times"))
print(latex(asin(Rational(15,4))))
print(latex(asin(Rational(15,4)), inv_trig_style="full"))
print(latex(asin(Rational(15,4)), inv_trig_style="power"))
print(latex(Matrix(2, 1, [x, y])))
print(latex(Matrix(2, 1, [x, y]), mat_str = "array"))
print(latex(Matrix(2, 1, [x, y]), mat_delim="("))
print(latex(x**2, symbol_names={x:'x_i'}))
```

```
print(latex([2/x, y], mode='inline'))
```

6.11 密码学模块

SymPy模块包括分组密码和流密码函数。特别地，它还包括以下密码：

- 仿射密码（affine cipher）
- 二分密码（Bifid cipher）
- ElGamal非对称加密（ElGamal encryption）
- 希尔密码（Hill's cipher）
- 教育版RSA非对称密码（Kid RSA）
- 线性反馈移位寄存器（linear feedback shift registers，LFSR加密）
- RSA非对称密码（RSA）
- 移位密码（shift cipher）
- 替换式密码（substitution ciphers）
- 维吉尼亚密码（Vigenere's cipher）

下面的程序展示了对普通文本进行RSA的解密和加密：

```
from sympy.crypto.crypto import rsa_private_key, rsa_public_key,\
        encipher_rsa, decipher_rsa
a, b, c = 11, 13, 17
rsa_private_key(a, b, c)
publickey = rsa_public_key(a, b, c)
pt = 8
encipher_rsa(pt, publickey)

privatekey = rsa_private_key(a, b, c)
ct = 112
decipher_rsa(ct, privatekey)
```

下面的程序展示了对普通文本进行二分加密和解密，并返回密文：

```
from sympy.crypto.crypto import encipher_bifid6, decipher_bifid6
key = "encryptingit"
pt = "A very good book will be released in 2015"
encipher_bifid6(pt, key)
ct = "AENUIUKGHECNOIY27XVFPXR52XOXSPI0Q"
decipher_bifid6(ct, key)
```

6.12 输入的句法分析

我们要讨论的最后一个模块很小但很有用，它将输入的字符串解析为SymPy表达式。下面的程序展示了这个模块的应用，可以自动判断表达式是否应该包含括号、是否需要做乘法，并且能够让函数实例化。

```
from sympy.parsing.sympy_parser import parse_expr
from sympy.parsing.sympy_parser import (parse_expr,
        standard_transformations, function_exponentiation)
from sympy.parsing.sympy_parser import (parse_expr,
        standard_transformations, implicit_multiplication_application)

parse_expr("2*x**2+3*x+4")

parse_expr("10*sin(x)**2 + 3*x*y*z")

transformations = (standard_transformations + (function_exponentiation,))
parse_expr('sin**2(x**2)', transformations=transformations)

parse_expr("5sin**2 x**2 + 6abc + sec theta",transformations=(
        standard_transformations +(implicit_multiplication_application,)))
```

6.13　逻辑模块

逻辑模块允许用户用符号和布尔值生成并操作逻辑表达式。用户可以用Python运算符，如&（逻辑与）、|（逻辑或）和~（逻辑非），来构建布尔表达式。用户也可以用>>和<<生成推断。下面的程序展示了这些操作符的运用：

```
from sympy import symbols
from sympy.logic import *
a, b = symbols('a b')
a | (a & b)
a | b
~a

a >> b
a << b
```

这个模块还包括逻辑Xor、逻辑Nand、逻辑Nor、逻辑隐含式和相等关系的函数。下面的程序展示了这些函数的功能。所有这些函数支持符号形式以及用这些运算符的计算。在符号形式中，表达式由符号表示，不会被运算。我们用a和b符号来做示例：

```
from sympy.logic.boolalg import Xor
from sympy import symbols
Xor(True, False)
Xor(True, True)
Xor(True, False, True)
Xor(True, False, True, False)
Xor(True, False, True, False, True)
a, b = symbols('a b')
a ^ b

from sympy.logic.boolalg import Nand
```

```
Nand(True, False)
Nand(True, True)
Nand(a, b)

from sympy.logic.boolalg import Nor
Nor(True, False)
Nor(True, True)
Nor(False, True)
Nor(False, False)
Nor(a, b)

from sympy.logic.boolalg import Equivalent, And
Equivalent(False, False, False)
Equivalent(True, False, False)
Equivalent(a, And(a, True))

from sympy.logic.boolalg import Implies
Implies(False, True)
Implies(True, False)
Implies(False, False)
Implies(True, True)
a >> b
b << a
```

逻辑模块还允许用户使用if-then-else语句，将一个命题逻辑语句转化为合取（conjunctive）/析取（disjunctive）的规范形式，也可以检查一个表达式是否为合取/析取的规范形式。下面的程序展示了这些函数的应用。当第一个参数值为真时，ITE返回第二个参数，否则返回第三个参数。to_cnf和to_dnf函数将表达式或介词声明分别转换为CNF和DNF。is_cnf和is_dnf分别确认给定的表达式是否是cnf和dnf：


```
from sympy.logic.boolalg import ITE, And, Xor, Or
from sympy.logic.boolalg import to_cnf, to_dnf
from sympy.logic.boolalg import is_cnf, is_dnf
from sympy.abc import A, B, C
from sympy.abc import X, Y, Z
from sympy.abc import a, b, c

ITE(True, False, True)
ITE(Or(True, False), And(True, True), Xor(True, True))
ITE(a, b, c)
ITE(True, a, b)
ITE(False, a, b)
ITE(a, b, c)

to_cnf(~(A | B) | C)
to_cnf((A | B) & (A | ~A), True)

to_dnf(Y & (X | Z))
to_dnf((X & Y) | (X & ~Y) | (Y & Z) | (~Y & Z), True)

is_cnf(X | Y | Z)
is_cnf(X & Y & Z)
```

```
is_cnf((X & Y) | Z)
is_cnf(X & (Y | Z))

is_dnf(X | Y | Z)
is_dnf(X & Y & Z)
is_dnf((X & Y) | Z)
is_dnf(X & (Y | Z))
```

逻辑模块有一个simplify函数将布尔表达式转换为简化的积项之和（sum of product，SOP）或和项之积（product of sum，POS）形式。还包括使用简化和多余组消除算法（simplified pair and redundant group elimination algorithm）的函数，该算法将产生1的输入组合转换为最小SOP或POS形式。下面的程序展示了这些函数的应用：

```
from sympy.logic import simplify_logic
from sympy.logic import SOPform, POSform
from sympy.abc import x, y, z
from sympy import S

minterms = [[0, 0, 0, 1], [0, 0, 1, 1], [0, 1, 1, 1], [1, 0, 1, 1],
            [1, 1, 1, 1]]
dontcares = [[1, 1, 0, 1], [0, 0, 0, 0], [0, 0, 1, 0]]
SOPform(['w','x','y','z'], minterms, dontcares)

minterms = [[0, 0, 0, 1], [0, 0, 1, 1], [0, 1, 1, 1], [1, 0, 1, 1],
            [1, 1, 1, 1]]
dontcares = [[1, 1, 0, 1], [0, 0, 0, 0], [0, 0, 1, 0]]
POSform(['w','x','y','z'], minterms, dontcares)

expr = '(~x & y & ~z) | ( ~x & ~y & ~z)'
simplify_logic(expr)
S(expr)
simplify_logic(_)
```

6.14　几何模块

几何模块可以进行二维图形的生成、操作和计算。这些二维图形包括点、线、圆、椭圆、多边形、三角形等。下面的程序展示了这些形状的生成和collinear函数中的一些操作。这个函数检验给定的点是否是共线的，如果是共线的，则返回真值。如果一些点位于一条直线上，就说这些点是共线的。medians函数返回一个以顶点为健、顶点的中间值为值的字典。intersection函数查找两个或多个几何实体相交的点。给定的线是否是圆弧的切线，可以用is_tangent函数来判断。circumference函数返回圆的周长，而equation函数返回圆的方程形式：

```
from sympy import *
from sympy.geometry import *

x = Point(0, 0)
y = Point(1, 1)
z = Point(2, 2)
```

```
zp = Point(1, 0)

Point.is_collinear(x, y, z)
Point.is_collinear(x, y, zp)

t = Triangle(zp, y, x)
t.area
t.medians[x]

Segment(Point(1, S(1)/2), Point(0, 0))
m = t.medians
intersection(m[x], m[y], m[zp])

c = Circle(x, 5)
l = Line(Point(5, -5), Point(5, 5))
c.is_tangent(l)
l = Line(x, y)
c.is_tangent(l)
intersection(c, l)

c1 = Circle( Point(2,2), 7)
c1.circumference
c1.equation()
l1 = Line (Point (0,0), Point(10,10))
intersection (c1,l1)
```

几何模块有一些特殊的子模块，这些子模块可以做各种二维和三维图形的操作。下面是这些子模块。

- **点**：它表示在二维欧几里得空间中的一个点。
- **三维点**：这个类表示在三维欧几里得空间中的一个点。
- **线**：它表示在空间中无限的二维直线。
- **三维线**：它表示在空间中无限的三维直线。
- **曲线**：它表示空间中的曲线。一条曲线是一个类似于直线的对象，但是它不需要是直的。
- **椭圆**：这个类表示一个椭圆的几何实体。
- **多边形**：它表示一个二维的多边形。一个多边形是一个封闭的回路，或由有限个线段组成的封闭界限的图形。这些线段被称作多边形的边，两条边的连接点被称作多边形的顶点。
- **平面**：它表示一个几何平面，该几何平面是一个二维平面。一个平面可以被当作零维点、一维线和一个三维空间立体图形的二维模拟。

6.15 符号积分

积分模块可以计算给定表达式的定积分和不定积分。这个模块主要有两个重要的函数：一个计算定积分，另一个计算不定积分，如下所示。

- ❑ `Integrate(f, x)`：计算函数f的不定积分$x(\int fdx)$。
- ❑ `Integrate(f, (x, m, n))`：计算函数f在m到n区间的定积分（$\int mnfdx$）。

这个模块允许用户计算各种函数的积分，从简单的多项式到复杂的指数多项式。下面的程序计算了几个函数的积分，帮助我们了解其功能：

```
from sympy import integrate, log, exp, oo
from sympy.abc import n, x, y
from sympy import sqrt
from sympy import *
integrate(x*y, x)
integrate(log(x), x)
integrate(log(x), (x, 1, n))
integrate(x)
integrate(sqrt(1 + x), (x, 0, x))
integrate(sqrt(1 + x), x)
integrate(x*y, x)
integrate(x**n*exp(-x), (x, 0, oo)) # 等价于conds='piecewise'
integrate(x**n*exp(-x), (x, 0, oo), conds='none')
integrate(x**n*exp(-x), (x, 0, oo), conds='separate')
init_printing(use_unicode=False, wrap_line=False, no_global=True)
x = Symbol('x')
integrate(x**3 + x**2 + 1, x)
integrate(x/(x**3+3*x+1), x)
integrate(x**3 * exp(x) * cos(x), x)
integrate(exp(-x**3)*erf(x), x)
```

这个模块还有一些高级函数，可以计算不同阶数和精度的正交的权重点。此外，该模块还包括一些可以计算定积分和进行积分变换的特殊函数。

正交子模块（sympy.integrals.quadrature）中的数值积分包括用于执行以下正交计算的函数：

- ❑ 高斯–勒让德正交（Gauss-Legendre quadrature）
- ❑ 高斯–拉盖尔正交（Gauss-Laguerre quadrature）
- ❑ 高斯–埃尔米特正交（Gauss-Hermite quadrature）
- ❑ 高斯–切比雪夫正交（Gauss-Chebyshev quadrature）
- ❑ 高斯–雅可比正交（Gauss-Jacobi quadrature）

在变换模块（sympy.integrals.transforms）中，积分变换包括以下几种变换子模块：

- ❑ 梅林变换（Mellin Transform）
- ❑ 梅林逆变换（Inverse Mellin Transform）
- ❑ 拉普拉斯变换（Laplace Transform）
- ❑ 拉普拉斯逆变换（Inverse Laplace Transform）
- ❑ 归一化常数频域傅里叶变换（Unitary ordinary-frequency Fourier Transform）
- ❑ 归一化常数频域傅里叶逆变换（Unitary ordinary-frequency inverse Fourier Transform）。

- 归一化常数频域正弦变换（Unitary ordinary-frequency sine Transform）
- 归一化常数频域正弦逆变换（Unitary ordinary-frequency inverse sine Transform）
- 归一化常数频域余弦变换（Unitary ordinary-frequency cosine Transform）
- 归一化常数频域余弦逆变换（Unitary ordinary-frequency inverse cosine Transform）
- 汉克尔变换（Hankel Transform）

6.16 多项式操作

SymPy中的多项式模块允许用户做多项式操作。该模块的函数范围很广，从多项式的简单操作（如除法、GCD和LCM）到高级运算（如Gröbner基和多元因式分解）。

下面的程序是用div函数做多项式的除法。这种多项式的除法会有余数。可以用一个定义域来指定参数值的类型。如果所有运算的对象都是整数，那么可以用domain='ZZ'来指定。对于有理数，可以用domain='QQ'来指定；对于实数，可以用domain='RR'来指定。expand函数将表达式扩展为正常的表达形式：

```
from sympy import *
x, y, z = symbols('x,y,z')
init_printing(use_unicode=False, wrap_line=False, no_global=True)

f = 4*x**2 + 8*x + 5
g = 3*x + 1
q, r = div(f, g, domain='QQ') ## QQ表示有理数
q
r
(q*g + r).expand()
q, r = div(f, g, domain='ZZ') ## ZZ表示整数
q
r
g = 4*x + 2
q, r = div(f, g, domain='ZZ')
q
r
(q*g + r).expand()
g = 5*x + 1
q, r = div(f, g, domain='ZZ')
q
r
(q*g + r).expand()
a, b, c = symbols('a,b,c')
f = a*x**2 + b*x + c
g = 3*x + 2
q, r = div(f, g, domain='QQ')
q
r
```

下面的程序展示了LCM、GCD、无平方的因式分解和简单的因式分解。用sqf函数做无平方

的因式分解。一个单变量多项式的无平方因式分解是所有一次项和二次项的因子的乘积。另一方面，factor函数可以做带有理数系数的单变量和多变量多项式的因式分解：

```
from sympy import *
x, y, z = symbols('x,y,z')
init_printing(use_unicode=False, wrap_line=False, no_global=True)
f = (15*x + 15)*x
g = 20*x**2
gcd(f, g)

f = 4*x**2/2
g = 16*x/4
gcd(f, g)

f = x*y/3 + y**2
g = 4*x + 9*y
gcd(f, g)

f = x*y**2 + x**2*y
g = x**2*y**2
gcd(f, g)

lcm(f, g)
(f*g).expand()
(gcd(f, g, x, y)*lcm(f, g, x, y)).expand()

f = 4*x**2 + 6*x**3 + 3*x**4 + 2*x**5
sqf_list(f)
sqf(f)

factor(x**4/3 + 6*x**3/16 - 2*x**2/4)
factor(x**2 + 3*x*y + 4*y**2)
```

6.17　集合

SymPy的集合模块允许用户做各种集合操作。它包括一些表示各种类型集合的类或子模块。这些类型包括有限集合（离散数的有限集合）和一个区间（一个实数区间表示的集合）、一个单元素集合、一个全集、自然数集合，等等。它还包括一些进行集合运算操作的子模块，例如并集、交集、乘积集合、补集等。

下面的程序展示了一个区间集合和一个有限集合的生成。它还展示了区间集合和左开右开区间集合的起始值和结束值。最后，该程序还验证了某个特定的元素是否属于有限集合：

```
from sympy import Symbol, Interval
from sympy import FiniteSet

Interval(1, 10)
Interval(1, 10, False, True)
a = Symbol('a', real=True)
```

```
Interval(1, a)
Interval(1, 100).end
from sympy import Interval
Interval(0, 1).start

Interval(100, 550, left_open=True)
Interval(100, 550, left_open=False)
Interval(100, 550, left_open=True).left_open
Interval(100, 550, left_open=False).left_open

Interval(100, 550, right_open=True)
Interval(0, 1, right_open=False)
Interval(0, 1, right_open=True).right_open
Interval(0, 1, right_open=False).right_open

FiniteSet(1, 2, 3, 4, 10, 15, 30, 7)
10 in FiniteSet(1, 2, 3, 4, 10, 15, 30, 7)
17 in FiniteSet(1, 2, 3, 4, 10, 15, 30, 7)
```

下面的程序展示了集合的运算，如并集、交集、乘积集合和补集。两个集合的并集是两个集合中的所有元素组成的集合。另外，两个集合的交集是两个集合的公共元素的集合。乘积集合是给定集合的笛卡儿乘积。两个集合中，一个集合的补集是由不属于该集合但属于另一个集合的元素组成的集合：

```
from sympy import FiniteSet, Intersection, Interval, ProductSet,\
        Union, Complement
Union(Interval(1, 10), Interval(10, 30))
Union(Interval(5, 15), Interval(15, 25))
Union(FiniteSet(1, 2, 3, 4), FiniteSet(10, 15, 30, 7))

Intersection(Interval(1, 3), Interval(2, 4))
Interval(1,3).intersect(Interval(2,4))
Intersection(FiniteSet(1, 2, 3, 4), FiniteSet(1, 3, 4, 7))
FiniteSet(1, 2, 3, 4).intersect(FiniteSet(1, 3, 4, 7))

I = Interval(0, 5)
S = FiniteSet(1, 2, 3)
ProductSet(I, S)
(2, 2) in ProductSet(I, S)

Interval(0, 1) * Interval(0, 1)
coin = FiniteSet('H', 'T')
set(coin**2)

Complement(FiniteSet(0, 1, 2, 3, 4, 5), FiniteSet(1, 2))
```

6.18 运算的简化和合并

SymPy模块还支持给定表达式的运算的简化和合并。它可以简化三角函数、贝塞尔函数、组合表达式等各种类型的函数。

下面的程序展示了多项式函数和三角函数的表达式简化方法：

```
from sympy import simplify, cos, sin, trigsimp, cancel
from sympy import sqrt, count_ops, oo, symbols, log
from sympy.abc import x, y

expr = (2*x + 3*x**2)/(4*x*sin(y)**2 + 2*x*cos(y)**2)
expr
simplify(expr)

trigsimp(expr)
cancel(_)

root = 4/(sqrt(2)+3)
simplify(root, ratio=1) == root
count_ops(simplify(root, ratio=oo)) > count_ops(root)
x, y = symbols('x y', positive=True)
expr2 = log(x) + log(y) + log(x)*log(1/y)

expr3 = simplify(expr2)
expr3
count_ops(expr2)
count_ops(expr3)
print(count_ops(expr2, visual=True))
print(count_ops(expr3, visual=True))
```

6.19　小结

这一章全面讨论了计算机代数系统的计算。我们学习了符号的生成、表达式的运用和基本算术。然后讨论了方程的求解，谈到了有理数、指数和对数函数，还讨论了多项式函数、三角函数和复数函数。

线性代数、微积分、向量和物理概念也在这一章的后半部分谈到了。最后还学习了漂亮的打印、密码学和句法分析问题。

下一章将详尽地分析用matplotlib和pandas做Python的视觉计算。我们将谈到如何对计算结果进行数据可视化，还会谈到用pandas做数据分析和科学计算。

第 7 章

数据分析与可视化

7

本章将介绍使用matplotlib、pandas和IPython进行数据可视化、制作图表、交互式计算的相关知识。数据可视化是通过图形或图示的形式表示数据。这可以帮助用户简单快速地理解数据的信息。"制作图表"(plotting)指的是用图表的形式表示数据集,以呈现两个或更多变量之间的关系。"交互式计算"指的是可以接受用户输入的软件。通常，用户输入是由软件处理的命令。接受用户输入之后，软件会处理用户输入的每一行命令。这些概念将在后面的示例程序中演示。

本章将要介绍的主题如下：

- 用matplotlib画图的相关概念
- 通过示例程序演示各种图表
- 介绍pandas的基本概念
- 通过示例程序演示pandas数据结构
- 用pandas进行数据分析
- IPython的交互式计算功能组件
- IPython的其他功能组件

pandas是数据分析工具程序库，带有高性能、易使用的数据结构。它可以让用户按照标准样式和自定义样式画出各种各样的图形。

IPython是支持在多种编程语言中进行交互式计算的命令行工具，是专门为Python设计的。

7.1 matplotlib

matplotlib是Python最流行的画二维图形和图表的软件包。它为不同类型的图形和图表提供了简便快捷的数据可视化方式。它还支持不同的图形导出格式。首先从matplotlib的基础和结构开始介绍，然后用简单的程序演示不同类型图表的绘制方法。

7.1.1 matplotlib 的架构

最重要的matplotlib对象是Figure。它包含并管理着图表/图形的所有元素。matplotlib将图形的显示和操作与Figure对象在用户界面屏幕或设备上的渲染分离开来。这样用户就可以设计和开发有趣的图形特性和显示逻辑，而且后台和设备操作依然很简单。matplotlib支持不同设备上的图像渲染，也支持许多主流图形用户界面设计工具箱的事件处理。

matplotlib的架构分为三层，分别是后端（backend）、艺术家（artist）和脚本（scripting）。这三层构成一个栈，上层架构懂得与下层架构通信的方式，而下层架构不知道上层架构的动作。其中，后端架构是底层，脚本架构是顶层，艺术家层是中间层。现在让我们仔细看看从顶层到底层的内容。

1. 脚本层（pyplot）

matplotlib的pyplot接口非常直观，科学家和分析师使用起来非常简单。它简化了完成数据分析与可视化的常规操作。pyplot接口管理创建图形、坐标轴以及它们与后端层的连接。它隐藏了表现图形和坐标轴的数据结构的内部细节。

下面用一个例子来演示脚本层的易用性：

```
import matplotlib.pyplot as plt
import numpy as np
var = np.random.randn(5300)
plt.hist(var, 530)
plt.title(r'Normal distribution ($\mu=0, \sigma=1$)')
plt.show()
```

如果要把直方图保存为图像文件，可以在倒数第二行增加plt.savefig('sample_histogram.png')代码，然后再显示图形。

2. 艺术家层

matplotlib栈的这个中间层管理漂亮图形背后的大多数内部活动。这个层的基类是matplotlib.artist.Artist。它知道如何将要画的内容渲染到画布上。在matplotlib的Figure中显示的每个对象都是Artist的一个实例，包括图形标题、坐标轴和数字标签、图像、线、条形图与点。每一个Artist实例都是为了这些元素而创建的。

艺术家层会将大量的属性分享给每个实例。第一个属性就是图形变换，实现艺术家坐标体系和画布坐标体系之间的转换。另一个属性是能见度，用于管理艺术家层可以画图的区域。图形中的标签也是一个属性，还有一个属性是通过鼠标点击实现用户行为的接口。

3. 后端层

后端层是matplotlib的底层，里面实现了大量的抽象接口类，即FigureCanvas、Renderer

和Event类。其中，FigureCanvas类扮演绘画底板的角色。与真实的绘画类比，FigureCanvas就像是绘画用的纸。Renderer类实现上色的功能，好像是真实绘画中使用的刷子。Event类处理键盘与鼠标动作。

这个层还可以和用户界面工具箱整合在一起，例如Qt。与用户界面工具箱整合的抽象基类位于matplotlib.backend_bases。这个类可以为不同的用户界面工具箱派生专门的子类，如matplotlib.backends.backend_qt4agg。

为了创建一个图形，后端层提供了标题、字体、函数，可以将图形保存为不同格式，包括PDF、PNG、PS和SVG等格式。

Renderer类提供了画图接口，可以在画布上画出图形。

7.1.2 matplotlib 的画图方法

用户使用matplotlib可以画出各种各样的二维图。这部分内容将介绍一些简单的图形和两种特殊图形：等高线图和矢量图。下面的程序画了一个线图，表示圆的半径和面积的对应关系：

```
import matplotlib.pyplot as plt
# 半径
r = [1.5, 2.0, 3.5, 4.0, 5.5, 6.0]
# 圆的面积
a = [7.06858, 12.56637, 38.48447, 50.26544, 95.03309, 113.09724]
plt.plot(r, a)
plt.xlabel('Radius')
plt.ylabel('Area')
plt.title('Area of Circle')
plt.show()
```

下面的程序画出了一个线图，其中有两种不同的线，分别表示正弦曲线和余弦曲线。通常，这些类型的图形都是用来做比较的。因此，matplotlib为图形提供了不同的颜色、线形和标记。绘图函数的第三个参数表示线条的颜色、线形和标记。第一个字符表示颜色，它的值可以是b、g、r、c、m、y、k和w中的任何一个。其中k表示黑色（black），其他字母的含义都很明显。第二个字符表示线条的形状，可以用-、--、-..和:表示。这些符号分别表示实线、虚线、点划线和点线。最后一个字符表示标记，如.、x、+、o和*。

```
import matplotlib.pyplot as plt
var = arange(0.,100,0.2)
cos_var = cos(var)
sin_var = sin(var)
plt.plot(var,cos_var,'b-*',label='cosine')
plt.plot(var,sin_var,'r-.',label='sine')
plt.legend(loc='upper left')
plt.xlabel('xaxis')
plt.ylabel('yaxis')
```

```
plt.show()
```

在这个图形中，可以通过xlim或ylim函数设置x轴和y轴的坐标值范围。你可以在倒数第二行加plot.ylim(-2,2)看看效果。

下面的程序画的是服从正态分布的直方图。数据是通过正态分布函数产生的：

```
import matplotlib.pyplot as plt
from numpy.random import normal
sample_gauss = normal(size=530)
plt.hist(sample_gauss, bins=15)
plt.title("Histogram Representing Gaussian Numbers")
plt.xlabel("Value")
plt.ylabel("Frequency")
plt.show()
```

下面的程序画的是等高线图，用linspace函数生成的线性空间矢量构成：

```
import matplotlib.pyplot as plt
from numpy import *
x = linspace(0,10.5,40)
y = linspace(1,8,30)
(X,Y) = meshgrid(x,y)
func = exp(-((X-2.5)**2 + (Y-4)**2)/4) - exp(-((X-7.5)**2 + (Y-4)**2)/4)
contr = plt.contour(x,y,func)
plt.clabel(contr)
plt.xlabel("x")
plt.ylabel("y")
plt.show()
```

下面的程序画的是矢量图，同样是用linspace函数生成的线性空间矢量构成的。如果后面要重用图形元素，可以把它们保存为变量。程序中倒数第二、三行就是把xlabel和ylabel保存为变量：

```
import matplotlib.pyplot as plt
from numpy import *
x = linspace(0,15,11)
y = linspace(0,10,13)
(X,Y) = meshgrid(x,y)
arr1 = 15*X
arr2 = 15*Y
main_plot = plt.quiver(X,Y,arr1,arr2,angles='xy',scale=1000,color='b')
main_plot_key = plt.quiverkey(main_plot,0,15,30,"30 m/s",
                coordinates='data',color='b')
xl = plt.xlabel("x in (km)")
yl = plt.ylabel("y in (km)")
plt.show()
```

输出结果

画图的结果可以输出为不同的文件格式，例如图片、PDF、PS文件等。要把图形保存为文件，有两种方法。

- 第一种也是比较简单的方法就是直接在屏幕上用保存按钮，如下面的截图所示。

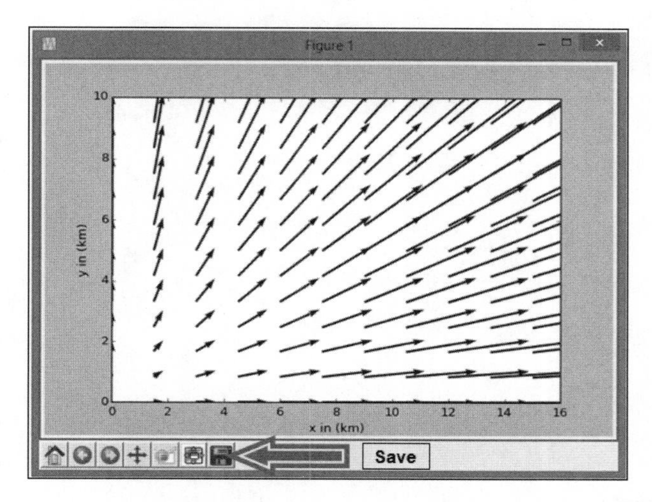

图形显示屏幕的左下角有许多按钮，最右边的按钮可以把图形保存为图片文件。点击之后，会出现对话框，提示你选择保存的格式、保存的位置和文件名称。

- 第二种方法是在`plt.show()`方法运行之前使用`plt.savefig`方法。还可以设置输出文件的名称、样式与格式。

下面的程序把多个图形保存在一个PDF文件的不同页面中，同时还演示了把图形保存为PNG文件的方法：

```
from matplotlib.backends.backend_pdf import PdfPages
import matplotlib.pyplot as plt
import matplotlib as mpl
from numpy.random import normal
from numpy import *

# PDF初始化
pdf = mpl.backends.backend_pdf.PdfPages("output.pdf")

# 第一幅图保存到PDF第一页
sample_gauss = normal(size=530)
plt.hist(sample_gauss, bins=15)
plt.xlabel("Value")
plt.ylabel("Frequency")
plt.title("Histogram Representing Gaussian Numbers")
pdf.savefig()
plt.close()

# 创建第二幅图，保存到PDF第二页
```

```
var = arange(0.,100,0.2)
cos_var = cos(var)
sin_var = sin(var)
plt.legend(loc='upper left')
plt.xlabel('xaxis')
plt.ylabel('yaxis')
plt.plot(var,cos_var,'b-*',label='cosine')
plt.plot(var,sin_var,'r-.',label='sine')
pdf.savefig()
pdf.close()
plt.close()

# 输出PNG文件
r = [1.5, 2.0, 3.5, 4.0, 5.5, 6.0]
a = [7.06858, 12.56637, 38.48447, 50.26544, 95.03309, 113.09724]
plt.plot(r, a)
plt.xlabel('Radius')
plt.ylabel('Area')
plt.title('Area of Circle')
plt.savefig("sample_output.png")
plt.show()
```

7.2　pandas程序库

pandas程序库的工具适合完成高性能数据分析任务。这个程序库同时适用于商务与科学领域。“pandas”是计量经济学的“面板数据”（panel data）和“Python数据分析”（data analysis）的英文缩写。数据分析和数据处理的五个步骤是加载、准备、操作、建模和分析。

pandas为Python数据结构增加了三个数据类型，分别是Series、DataFrame和Panel。这些数据结构都是在NumPy的基础上建立的。下面让我们具体看看每种数据类型。

7.2.1　Series

Series是一维对象，类似于数组、列表或表格中的一列。它可以存储任意Python数据类型，包括整型、浮点型、字符串以及任意Python对象。Series的每个项目还有一个标签索引。默认情况下，索引从0到N表示N+1个项目。我们可以用`Series`从NumPy数组或Python词典（`dict`）创建一个Series对象。同时，我们也可以为Series的数据设置对应的索引。

让我们用一个简单的程序来演示Series数据结构：

```
import numpy as np
randn = np.random.randn
from pandas import *

s = Series(randn(10), index=['I', 'II', 'III', 'IV', 'V', 'VI', 'VII',
                              'VIII', 'IX', 'X' ])
```

```
s
s.index

Series(randn(10))

d = {'a' : 0., 'e' : 1., 'i' : 2.}
Series(d)
Series(d, index=['e', 'i', 'o', 'a'])

# Series用标量值创建
Series(6., index=['a', 'e', 'i', 'o', 'u', 'y'])
Series([10, 20, 30, 40], index=['a', 'e', 'i', 'o'])
Series({'a': 10, 'e': 20, 'i': 30})
s.get('VI')

# 可以设置name属性，定义Series名称
s = Series(np.random.randn(5), name='RandomSeries')
```

7.2.2 DataFrame

pandas的二维数据结构叫DataFrame。DataFrame是由行和列构成的数据结构，类似于数据库表或Excel表格。

与Series类似，DataFrame也支持不同的输入类型，例如：

- 一维NumPy数组、列表、序列值和词典（`dict`）的词典
- 二维NumPy数组
- 一个结构体/记录（structure/record，下文指元组列表）的NumPy数组
- 一个pandas的Series或DataFrame对象

虽然索引和列名称参数是可选的，但是最好把它们设置一下。索引可以看成是行标签，列名称可以看成是列标签。下面的程序首先从词典（`dict`）创建DataFrame。如果列名称未设置，则使用排序过的词典键作为列名。

然后，通过*N*维数组/列表的词典（`dict`）创建DataFrame。最后，用结构体或记录的数组创建DataFrame：

```
import numpy as np
randn = np.random.randn
from pandas import *

# 从序列字典或字典生成DataFrame
d = {'first' : Series([10., 20., 30.], index=['I', 'II', 'III']),
    'second' : Series([10., 20., 30., 40.], index=['I', 'II', 'III',
    'IV'])}
DataFrame(d, index=['IV', 'II', 'I'])

DataFrame(d, index=['IV', 'II', 'I'], columns=['second', 'third'])
```

```
df = DataFrame(d)
df
df.index
df.columns

# 从N维数组字典或列表字典生成DataFrame
d = {'one' : [10., 20., 30., 40.],
    'two' : [40., 30., 20., 10.]}
DataFrame(d)
DataFrame(d, index=['I', 'II', 'III', 'IV'])

# 结构化的数组或记录
data = np.zeros((2,),dtype=[('I', 'i4'),('II', 'f4'),('III', 'a10')])
data[:] = [(10,20.,'Very'),(20,30.,"Good")]

DataFrame(data)
DataFrame(data, index=['first', 'second'])
DataFrame(data, columns=['III', 'I', 'II'])
```

7.2.3 Panel

Panel数据结构可以存储三维数据。这个名称源自统计学和计量经济学，里面的多维数据经常有多个时间周期。通常，Panel包括同一个组织或人的多个时间周期的多项数据。

Panel数据结构有三个组成部分——项目(`item`)、主轴(`major axis`)和次轴(`minor axis`)，解释如下。

- `items`：指的是Panel里每个DataFrame的数据项。
- `major axis`：指的是每个DataFrame的索引（行标签）。
- `minor axis`：指的是每个DataFrame的列。

下面的程序演示了创建Panel的不同方法：项目选择/索引，数据压缩，转换成多层索引的DataFrame。程序的最后两行是利用`to_frame`方法把Panel转换成DataFrame：

```
import numpy as np
randn = np.random.randn
from pandas import *

# 通过带标签的三维数组创建Panel
workpanel = Panel(randn(2, 3, 5), items=['FirstItem', 'SecondItem'],
            major_axis=date_range('1/1/2010', periods=3),
            minor_axis=['A', 'B', 'C', 'D', 'E'])
workpanel

# 通过值是DataFrame的Python字典创建Panel
data = {'FirstItem' : DataFrame(randn(4, 3)),
        'SecondItem' : DataFrame(randn(4, 2))}
Panel(data)
```

```
# orient=minor表示用DataFrame的列名作为Panel的item (项)
Panel.from_dict(data, orient='minor')

df = DataFrame({'x': ['one', 'two', 'three', 'four'],'y': np.random.randn(4)})
df

data = {'firstitem': df, 'seconditem': df}
panel = Panel.from_dict(data, orient='minor')
panel['x']
panel['y']
panel['y'].dtypes

# 选择Panel的某一项
workpanel['FirstItem']

# 对Panel进行转置操作，有C(3,2)即6种组合方式
workpanel.transpose(2, 0, 1)

# 从major_axis标签获取一个切片
workpanel.major_xs(workpanel.major_axis[1])

workpanel.minor_axis
# 从minor_axis标签获取一个切片
workpanel.minor_xs('D')

# 利用squeeze方法抽取部分维度数据，与workpanel['FirstItem']和
# workpanel['FirstItem']['B']类似
workpanel.reindex(items=['FirstItem']).squeeze()
workpanel.reindex(items=['FirstItem'],minor=['B']).squeeze()

forconversionpanel = Panel(randn(2, 4, 5), items=['FirstItem', 'SecondItem'],
                           major_axis=date_range('1/1/2010', periods=4),
                           minor_axis=['A', 'B', 'C', 'D', 'E'])
forconversionpanel.to_frame()
```


7.2.4 pandas 数据结构的常用函数

这些数据结构有一些共同的功能。这些功能在每个数据结构上都会实现同样的操作。不同的数据结构之间具有共同的属性。下面的程序展示了pandas数据结构的常用功能/操作和属性：

```
import numpy as np
randn = np.random.randn
from pandas import *

index = date_range('1/1/2000', periods=10)

s = Series(randn(10), index=['I', 'II', 'III', 'IV', 'V', 'VI', 'VII',
    'VIII', 'IX', 'X' ])

df = DataFrame(randn(10, 4), index=['I', 'II', 'III', 'IV', 'V', 'VI',
     'VII', 'VIII', 'IX', 'X' ], columns=['A', 'B', 'C', 'D'])
```

```
workpanel = Panel(randn(2, 3, 5), items=['FirstItem', 'SecondItem'],
            major_axis=date_range('1/1/2010', periods=3),
            minor_axis=['A', 'B', 'C', 'D', 'E'])

series_with100elements = Series(randn(100))

series_with100elements.head()
series_with100elements.tail(3)

series_with100elements[:3]
df[:2]
workpanel[:2]

df.columns = [x.lower() for x in df.columns]
df

# 利用values属性可以获取数值
s.values
df.values
wp.values
```

有一些功能/属性只能用于Series和DataFrame。下面的程序将演示这些功能/属性，包括描述性统计函数describe、最大/最小索引（idxmin/idxmax）、按照行/列标签或数值排序、对象功能转换、数值类型属性（dtypes），等等：

```
import numpy as np
randn = np.random.randn
from pandas import *

# 描述性统计describe函数
series = Series(randn(440))
series[20:440] = np.nan
series[10:20] = 5
series.nunique()
series = Series(randn(1700))
series[::3] = np.nan
series.describe()

frame = DataFrame(randn(1200, 5), columns=['a', 'e', 'i', 'o', 'u'])
frame.ix[::3] = np.nan
frame.describe()

series.describe(percentiles=[.05, .25, .75, .95])
s = Series(['x', 'x', 'y', 'y', 'x', 'x', np.nan, 'u', 'v', 'x'])
s.describe()

frame = DataFrame({'x': ['Y', 'Yes', 'Yes', 'N', 'No', 'No'], 'y':
range(6)})
frame.describe()
frame.describe(include=['object'])
frame.describe(include=['number'])
frame.describe(include='all')
```

```
# 最大索引与最小索引的值
s1 = Series(randn(10))
s1
s1.idxmin(), s1.idxmax()

df1 = DataFrame(randn(5,3), columns=['X','Y','Z'])
df1
df1.idxmin(axis=0)
df1.idxmax(axis=1)

df3 = DataFrame([1, 2, 2, 3, np.nan], columns=['X'],
index=list('aeiou'))
df3
df3['X'].idxmin()

# 按标签排序和按数值排序
unsorted_df = df.reindex(index=['a', 'e', 'i', 'o'],
                columns=['X', 'Y', 'Z'])
unsorted_df.sort_index()
unsorted_df.sort_index(ascending=False)
unsorted_df.sort_index(axis=1)

df1 = DataFrame({'X':[5,3,4,4],'Y':[5,7,6,8],'Z':[9,8,7,6]})
df1.sort_index(by='Y')
df1[['X', 'Y', 'Z']].sort_index(by=['X','Y'])

s = Series(['X', 'Y', 'Z', 'XxYy', 'Yxzx', np.nan, 'ZXYX', 'Zoo', 'Yet'])
s[3] = np.nan
s.order()
s.order(na_position='first')

# 将目标值插入既定顺序，查找包含区间值的索引
ser = Series([4, 6, 7, 9])
ser.searchsorted([0, 5])
ser.searchsorted([1, 8])
ser.searchsorted([5, 10], side='right')
ser.searchsorted([1, 8], side='left')

s = Series(np.random.permutation(17))
s
s.order()
s.nsmallest(5)
s.nlargest(5)

# 对多维索引进行排序
df1.columns = MultiIndex.from_tuples([('x','X'),('y','Y'),('z','X')])
df1.sort_index(by=('x','X'))

# 查看DataFrame和Series的数值类型
dft = DataFrame(dict( I = np.random.rand(5),
        II = 8,
        III = 'Dummy',
        IV = Timestamp('19751008'),
        V = Series([1.6]*5).astype('float32'),
```

```
        VI = True,
        VII = Series([2]*5,dtype='int8'),
        VIII = False))
dft
dft.dtypes
dft['III'].dtype
dft['II'].dtype

# 统计每种数据类型出现的次数
dft.get_dtype_counts()

df1 = DataFrame(randn(10, 2), columns = ['X', 'Y'], dtype = 'float32')
df1
df1.dtypes

df2 = DataFrame(dict( X = Series(randn(10)),
                Y = Series(randn(10),dtype='uint8'),
                Z = Series(np.array(randn(10),dtype='float16'))
                ))
df2
df2.dtypes

# 转换DataFrame和Series的数据类型
df3['D'] = '1.'
df3['E'] = '1'
df3.convert_objects(convert_numeric=True).dtypes
# 同上，但是转换为指定数据类型
df3['D'] = df3['D'].astype('float16')
df3['E'] = df3['E'].astype('int32')
df3.dtypes

s = Series([datetime(2001,1,1,0,0),
        'foo', 1.0, 1, Timestamp('20010104'),
        '20010105'],dtype='O')
s
s.convert_objects(convert_dates='coerce')
```

实现迭代操作非常简单，每种数据结构都是同样的方式。Series数据结构的数据操作有一个存取器。下面的程序演示了这些概念：

```
import numpy as np
randn = np.random.randn
from pandas import *

workpanel = Panel(randn(2, 3, 5), items=['FirstItem', 'SecondItem'],
            major_axis=date_range('1/1/2010', periods=3),
            minor_axis=['A', 'B', 'C', 'D', 'E'])
df = DataFrame({'one-1' : Series(randn(3), index=['a', 'b', 'c']),
     'two-2' : Series(randn(4), index=['a', 'b', 'c','d']),
     'three-3' : Series(randn(3), index=['b', 'c', 'd'])})

for columns in df:
    print(columns)
```

```
for items, frames in workpanel.iteritems():
    print(items)
    print(frames)

for r_index, rows in df2.iterrows():
    print('%s\n%s' % (r_index, rows))

df2 = DataFrame({'x': [1, 2, 3, 4, 5], 'y': [6, 7, 8, 9, 10]})
print(df2)
print(df2.T)

df2_t = DataFrame(dict((index,vals) for index, vals in df2.iterrows()))
print(df2_t)

df_iter = DataFrame([[1, 2.0, 3]], columns=['x', 'y', 'z'])
row = next(df_iter.iterrows())[1]

print(row['x'].dtype)
print(df_iter['x'].dtype)

for row in df2.itertuples():
    print(row)

# 用dt存取器处理时间
s = Series(date_range('20150509 01:02:03',periods=5))
s
s.dt.hour
s.dt.second
s.dt.day
s[s.dt.day==2]

# 时区转换也非常方便
stimezone = s.dt.tz_localize('US/Eastern')
stimezone
stimezone.dt.tz
s.dt.tz_localize('UTC').dt.tz_convert('US/Eastern')

# 周期
s = Series(period_range('20150509',periods=5,freq='D'))
s
s.dt.year
s.dt.day

# 时间间隔
s = Series(timedelta_range('1 day 00:00:05',periods=4,freq='s'))
s
s.dt.days
s.dt.seconds
s.dt.components
```

pandas提供了大量的方法来实现描述性统计量的计算，此外还有聚合函数，如计数、求和、最小值、最大值、均值、中位数、众数、标准偏差、方差、偏度、峰度、分位数、累计求和等函数。

下面的程序演示了Series、DataFrame和Panel数据结构如何使用这些函数。这些方法都有一个可选参数skipna，可以在统计时忽略缺失数据（NaN）。该参数的初始值为True。

```
import numpy as np
randn = np.random.randn
from pandas import *

df = DataFrame({'one-1' : Series(randn(3), index=['a', 'b', 'c']),
     'two-2' : Series(randn(4), index=['a', 'b', 'c','d']),
     'three-3' : Series(randn(3), index=['b', 'c', 'd'])})
df
df.mean(0)
df.mean(1)
df.mean(0, skipna=False)
df.mean(axis=1, skipna=True)
df.sum(0)
df.sum(axis=1)
df.sum(0, skipna=False)
df.sum(axis=1, skipna=True)

# NumPy的mean不统计缺失值
np.mean(df['one-1'])
np.mean(df['one-1'].values)

ser = Series(randn(10))
ser.pct_change(periods=3)

# 指定周期的
df = DataFrame(randn(8, 4))
df.pct_change(periods=2)

ser1 = Series(randn(530))
ser2 = Series(randn(530))
ser1.cov(ser2)

frame = DataFrame(randn(530, 5), columns=['i', 'ii', 'iii', 'iv', 'v'])
frame.cov()
frame = DataFrame(randn(26, 3), columns=['x', 'y', 'z'])
frame.ix[:8, 'i'] = np.nan
frame.ix[8:12, 'ii'] = np.nan
frame.cov()
frame.cov(min_periods=10)
frame = DataFrame(randn(530, 5), columns=['i', 'ii', 'iii', 'iv', 'v'])
frame.ix[::4] = np.nan

# 用Pearson方法（默认方法）计算标准相关系数
frame['i'].corr(frame['ii'])
# 也可以指定用Kendall方法和Spearman方法
frame['i'].corr(frame['ii'], method='kendall')
```

```
frame['i'].corr(frame['ii'], method='spearman')

index = ['i', 'ii', 'iii', 'iv']
columns = ['first', 'second', 'third']
df1 = DataFrame(randn(4, 3), index=index, columns=columns)
df2 = DataFrame(randn(3, 3), index=index[:3], columns=columns)
df1.corrwith(df2)
df2.corrwith(df1, 1)

s = Series(np.random.randn(10), index=list('abcdefghij'))
s['d'] = s['b'] # 单个元素复制操作
s.rank()

df = DataFrame(np.random.randn(8, 5))
df[4] = df[2][:5] # 多个元素（第三列前五个元素）复制操作，缺失位置用NaN
df
df.rank(1)
```

7.2.5 时间序列与日期函数

pandas提供了丰富的时间序列与日期操作函数，可以实现时间和日期相关的计算。

pandas通过`TimeStamp`数据类型，可以获得大量的时间和日期属性，其中部分属性如下所示。

- `year`：年。
- `month`：月。
- `day`：日。
- `hour`：小时。
- `minute`：分钟。
- `second`：秒。
- `microsecond`：微秒，百万分之一秒。
- `nanosecond`：纳秒，十亿分之一秒。
- `date`：日期。
- `time`：时间。
- `dayofyear`：天数，范围1~365/366（闰年）。
- `weekofyear`：周数。
- `dayofweek`：星期几，周一用0表示，周日用6表示。
- `quarter`：季度，一月到三月用1表示，四月到六月用2表示，以此类推。

下面的程序演示了这些函数的用法：

```
import numpy as np
randn = np.random.randn
from pandas import *
# 创建日期区间，从06/03/2015开始152个小时
```

```
range_date = date_range('6/3/2015', periods=152, freq='H')
range_date[:5]

# 时间作为索引
ts = Series(randn(len(range_date)), index=range_date)
ts.head()

# 把索引值的频率更新为40分钟
converted = ts.asfreq('40Min', method='pad')
converted.head()
ts.resample('D', how='mean')
dates = [datetime(2015, 6, 10), datetime(2015, 6, 11), datetime(2015, 6, 12)]
ts = Series(np.random.randn(3), dates)
type(ts.index)
ts

# 创建周期索引
periods = PeriodIndex([Period('2015-10'), Period('2015-11'),
                        Period('2015-12')])
ts = Series(np.random.randn(3), periods)
type(ts.index)
ts

# 转换时间戳
to_datetime(Series(['Jul 31, 2014', '2015-01-08', None]))
to_datetime(['1995/10/31', '2005.11.30'])
# 日期数值如果按照月-日-年的形式，就用dayfirst=True
to_datetime(['01-01-2015 11:30'], dayfirst=True)
to_datetime(['14-03-2007', '03-14-2007'], dayfirst=True)
# 如果日期数值中有无效值，则用coerce=True转换成NaT
to_datetime(['2012-07-11', 'xyz'])
to_datetime(['2012-07-11', 'xyz'], coerce=True)

# 混合数据类型无法正确处理
to_datetime([1, '1'])
# 纪元时间戳 (Epoch timestamp ： 整型与浮点型纪元时间戳可以转换成标准时间戳
# 默认使用纳秒，可以转换成秒与微秒
# 初始时间是01/01/1970
to_datetime([1449720105, 1449806505, 1449892905,
            1449979305, 1450065705], unit='s')

to_datetime([1349720105100, 1349720105200, 1349720105300,
                1349720105400, 1349720105500 ], unit='ms')
to_datetime([8])
to_datetime([8, 4.41], unit='s')

# 取一定范围的日期
dates = [datetime(2015, 4, 10), datetime(2015, 4, 11), datetime(2015,
4, 12)]
index = DatetimeIndex(dates)
index = Index(dates)
index = date_range('2010-1-1', periods=1700, freq='M')
index
index = bdate_range('2014-10-1', periods=250)
```

```
index

start = datetime(2005, 1, 1)
end = datetime(2015, 1, 1)
range1 = date_range(start, end)
range1
range2 = bdate_range(start, end)
range2
```

日期信息也可以作为pandas数据结构的索引使用。下面的程序演示了用日期做索引，里面还使用了DateOffset对象：

```
import numpy as np
randn = np.random.randn
from pandas import *
from pandas.tseries.offsets import *

start = datetime(2005, 1, 1)
end = datetime(2015, 1, 1)
rng = date_range(start, end, freq='BM')
ts = Series(randn(len(rng)), index=rng)
ts.index
ts[:8].index
ts[::1].index

# 可以直接用日期和字符串作为索引
ts['8/31/2012']
ts[datetime(2012, 07, 11):]
ts['10/08/2005':'12/31/2014']
ts['2012']
ts['2012-7']

dft = DataFrame(randn(50000,1),columns=['X'],index=date_range('20050101',
        periods=50000,freq='T'))
dft
dft['2005']
# 从第一个参数里月份的最早时间到最后一个参数里月份的最晚时间
dft['2005-1':'2013-4']
dft['2005-1':'2005-3-31']
# 可以指定停止时间
dft['2005-1':'2005-3-31 00:00:00']
dft['2005-1-17':'2005-1-17 05:30:00']
# 日期索引
dft[datetime(2005, 1, 1):datetime(2005,3,31)]
dft[datetime(2005, 1, 1, 01, 02, 0):datetime(2005, 3, 31, 01, 02, 0)]

# 用loc选择一行数据
dft.loc['2005-1-17 05:30:00']
# 截取一段时间
ts.truncate(before='1/1/2010', after='12/31/2012')
```

7

7.2.6 处理缺失数据

缺失数据是指数据为空（null）或没显示。通常用Na*表示缺失数据，这里的*表示数值类型，比如N表示缺失数值（NaN），T表示缺失时间值（NaT）。下面的程序演示了pandas检查缺失数据的函数isnull和notnull，用fillna、dropna、rloc、iloc和interpolate填补缺失数据。如果对NaN对象执行任何操作，结果仍为NaN：

```
import numpy as np
randn = np.random.randn
from pandas import *

df = DataFrame(randn(8, 4), index=['I', 'II', 'III', 'IV', 'VI',
        'VII', 'VIII', 'X' ],
        columns=['A', 'B', 'C', 'D'])
df['E'] = 'Dummy'
df['F'] = df['A'] > 0.5
df

# 通过增加索引来引入缺失值
df2 = df.reindex(['I', 'II', 'III', 'IV', 'V', 'VI', 'VII', 'VIII',
        'IX', 'X'])
df2
df2['A']
# 检查是否存在缺失值
isnull(df2['A'])
df2['D'].notnull()

df3 = df.copy()
df3['timestamp'] = Timestamp('20120711')
df3

# 把timestamp列缺失值设置为NaT
df3.ix[['I','III','VIII'],['A','timestamp']] = np.nan
df3

s = Series([5,6,7,8,9])
s.loc[0] = None
s

s = Series(["A", "B", "C", "D", "E"])
s.loc[0] = None
s.loc[1] = np.nan
s

# 用fillna方法填充缺失值
df2
df2.fillna(0)  # 填充索引缺失值为0
df2['D'].fillna('missing') # 为某一列填充缺失值

df2.fillna(method='pad')
df2
```

```
df2.fillna(method='pad', limit=1)

df2.dropna(axis=0)
df2.dropna(axis=1)

ts = Series(randn(30))
ts.count()
ts[10:30]=None
ts.count()
# 利用插值方法填充缺失值
# 默认使用线性插值
ts.interpolate()
ts.interpolate().count()
```

7.3 I/O 操作

pandas的I/O API是一组返回pandas对象的read_函数。通过这些函数非常方便加载数据。能够载入pandas数据结构的数据格式很多，包括CSV、Excel、HDF、SQL、JSON、HTML、Google Big Query、pickle、stats格式，甚至粘贴板。其中一些读取函数的名称（一个函数读取一种文件格式）是read_csv、read_excel、read_hdf、read_sql、read_json。加载之后，数据就可以分析了。这些函数也支持异常检测、数据标准化、编组、转换和排序。

7.3.1 处理 CSV 文件

下面的程序演示pandas读取CSV文件，并进行各种操作。这里使用的是Book-Crossing数据集的CSV格式，可以在http://www2.informatik.uni-freiburg.de/~cziegler/BX/下载。这个数据集里包括三个CSV文件（BX-Books.csv、BX-Users.csv和BX-Book-Ratings.csv），里面包括书籍、读者和读者评分。pandas读取CSV文件名有两种方法：一是在任意文件夹里使用CSV的绝对路径，二是在CSV的同一个文件夹里直接使用文件名。下面的程序是在Windows系统里使用文件的绝对路径：

```
import numpy as np
randn = np.random.randn
from pandas import *

user_columns = ['User-ID', 'Location', 'Age']
users = read_csv('c:\BX-Users.csv', sep=';', names=user_columns)

rating_columns = ['User-ID', 'ISBN', 'Rating']
ratings = read_csv('c:\BX-Book-Ratings.csv', sep=';', names=rating_columns)

book_columns = ['ISBN', 'Book-Title', 'Book-Author', 'Year-Of- \
                Publication', 'Publisher', 'Image-URL-S']
books = read_csv('c:\BX-Books.csv', sep=';', names=book_columns,
            usecols=range(6))
books
books.dtypes
```

```
users.describe()
print books.head(10)
print books.tail(8)
print books[5:10]

users['Location'].head()
print users[['Age', 'Location']].head()

desired_columns = ['User-ID', 'Age']
print users[desired_columns].head()
print users[users.Age > 25].head(4)
print users[(users.Age < 50) & (users.Location == 'chicago, illinois,\
        usa')].head(4)

print users.set_index('User-ID').head()
print users.head()

with_new_index = users.set_index('User-ID')
print with_new_index.head()
users.set_index('User_ID', inplace=True)
print users.head()

print users.ix[62]
print users.ix[[1, 100, 200]]
users.reset_index(inplace=True)
print users.head()
```

下面的程序演示在Book-Crossing数据集上的merge、groupby和相关操作，如排序、分类、寻找最大的n个数以及数据聚合：

```
import numpy as np
randn = np.random.randn
from pandas import *

user_columns = ['User-ID', 'Location', 'Age']
users = read_csv('c:\BX-Users.csv', sep=';', names=user_columns)
rating_columns = ['User-ID', 'ISBN', 'Rating']
ratings = read_csv('c:\BX-Book-Ratings.csv', sep=';', names=rating_columns)

book_columns = ['ISBN', 'Title', 'Book-Author', 'Year-Of-Publication',
                'Publisher', 'Image-URL-S']
books = read_csv('c:\BX-Books.csv', sep=';', names=book_columns,
                usecols=range(6))

# 创建合并的DataFrame
book_ratings = merge(books, ratings)
users_ratings = merge(book_ratings, users)

most_rated = users_ratings.groupby('Title').size(). \
                order(ascending=False)[:25]
print most_rated
```

```
users_ratings.Title.value_counts()[:17]

book_stats = users_ratings.groupby('Title').agg({'Rating': [np.size,
             np.mean]})
print book_stats.head()

# 按照评分等级Rating与均值mean排序
print book_stats.sort([('Rating', 'mean')], ascending=False).head()

greater_than_100 = book_stats['Rating'].size >= 100
print book_stats[greater_than_100].sort([('Rating', 'mean')],
ascending=False)[:15]

top_fifty = users_ratings.groupby('ISBN').size().\
            order(ascending=False)[:50]
```

下面处理CSV文件的程序位于https://github.com/gjreda/gregreda.com/blob/master/content/notebooks/data/city-of-chicago-salaries.csv?raw=true。

下面的程序演示了DataFrame的合并与连接操作：

```
import numpy as np
randn = np.random.randn
from pandas import *

first_frame = DataFrame({'key': range(10),
                'left_value': ['A', 'B', 'C', 'D', 'E',
                'F', 'G', 'H', 'I', 'J']})
second_frame = DataFrame({'key': range(2, 12),
                'right_value': ['L', 'M', 'N', 'O', 'P',
                'Q', 'R', 'S', 'T', 'U']})
print first_frame
print second_frame

# 默认合并join操作 (inner join)
print merge(left_frame, right_frame, on='key', how='inner')
# 其他合并操作 (left、right、outer)
print merge(left_frame, right_frame, on='key', how='left')
print merge(left_frame, right_frame, on='key', how='right')
print merge(left_frame, right_frame, on='key', how='outer')

concat([left_frame, right_frame])
concat([left_frame, right_frame], axis=1)

headers = ['name', 'title', 'department', 'salary']
        chicago_details = read_csv('c:\city-of-chicago-salaries.csv',
        header=False,
        names=headers,
        converters={'salary': lambda x: float(x.replace('$', ''))})
print chicago_detail.head()
```

```
dept_group = chicago_details.groupby('department')

print dept_group
print dept_group.count().head(10)
print dept_group.size().tail(10)
print dept_group.sum()[10:17]
print dept_group.mean()[10:17]
print dept_group.median()[10:17]

chicago_details.sort('salary', ascending=False, inplace=True)
```

7.3.2 即开即用数据集

pandas程序里还有一些经济学数据源和使用这些数据的模块。我们可以用pandas.io.data和pandas.io.ga（Google Analytics）模块从不同的网络源获取数据，并加载为DataFrame。目前支持的数据源如下。

- 雅虎财经。
- 谷歌财经。
- St. Louis Fed：美联储经济数据（federal reserve economic data，FRED）包含了80源数据库的267 000多份经济时间序列数据。
- Kenneth French的数字图书馆。
- 世界银行。
- Google Analytics。

下面的小程序演示了从不同的数据源读取数据：

```
import pandas.io.data as web
import datetime
f1=web.DataReader("F", 'yahoo', datetime.datetime(2010, 1, 1),
    datetime.datetime(2011, 12, 31))
f2=web.DataReader("F", 'google', datetime.datetime(2010, 1, 1),
    datetime.datetime(2011, 12, 31))
f3=web.DataReader("GDP", "fred", datetime.datetime(2010, 1, 1),
    datetime.datetime(2011, 12, 31))
f1.ix['2010-05-12']
```

pandas画图功能

pandas数据结构通过封装`plt.plot()`支持画图功能。默认情况下，画的图都是线图，可以通过修改画图函数的`kind`属性改变图形的样式。`df.plot()`不同图形的样式的参数如下所示。

- **条形图**：`df.plot(kind='bar')`
- **直方图**：`df.plot(kind='hist')`
- **箱体图**：`df.plot(kind='box')`

- ❑ **面积图**：`df.plot(kind='area')`
- ❑ **散点图**：`df.plot(kind='scatter')`
- ❑ **饼图**：`df.plot(kind='pie')`

下面的程序演示了一个简单的pandas画图方法。程序的输出结果如下面的截图所示。

```
from pandas import *
randn = np.random.randn
import matplotlib.pyplot as plt
x1 = np.array( ((1,2,3), (1,4,6), (2,4,8)) )
df = DataFrame(x1, index=['I', 'II', 'III'], columns=['A', 'B', 'C'])
df = df.cumsum()
df.plot(kind='pie', subplots=True)
plt.figure()
plt.show()
```

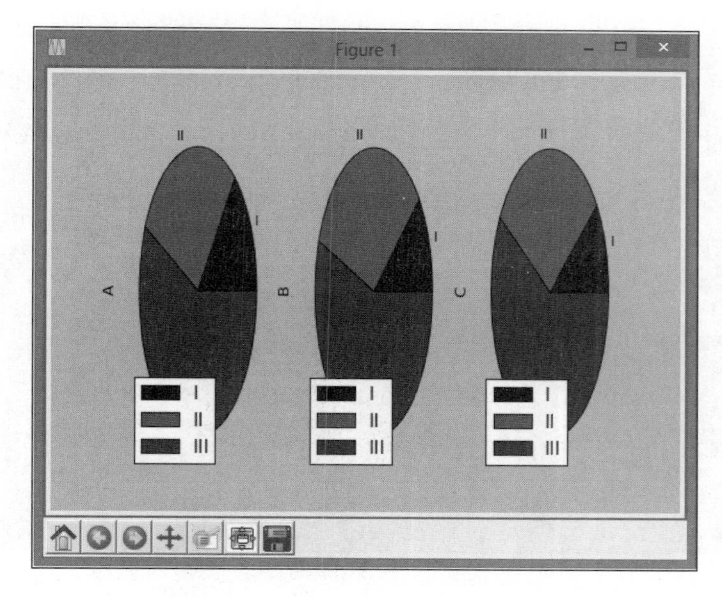

7.4　IPython

IPython设计和开发的初衷是要增强Python命令行工具的功能，让它支持交互式的分布式和并行计算。IPython的工具可以支持许多交互性科学计算需求。主要的两种工具如下：

- ❑ 功能增强的IPython命令行工具
- ❑ 交互式并行计算架构

这一节主要介绍IPython的交互式命令行工具。关于交互式并行计算的内容，将在第8章介绍。

7.4.1　IPython终端与系统命令行工具

IPython的终端界面如下图所示。它支持不同的配色主题，默认的主题是NoColor，还有其他主题，如Linux和LightBG。IPython的重要特征之一是它是有状态的，就是说它会保留计算过程。IPython的输出结果都保存在_N里面，N是输出和计算结果的序号。当我们进入IPython命令行的时候，交互式的编程界面如下所示。

```
IPython 3.0.0 -- An enhanced Interactive Python.
? -> Introduction and overview of IPython's features.
%quickref -> Quick reference.
help -> Python's own help system.
object? -> Details about 'object', use 'object??' for extra details.
```

如果我们像普通命令一样输入一个问号（?），就会显示IPython的功能列表。类似地，%quickref会显示IPython命令的简介，%magic会显示IPython魔法命令的具体使用方法。

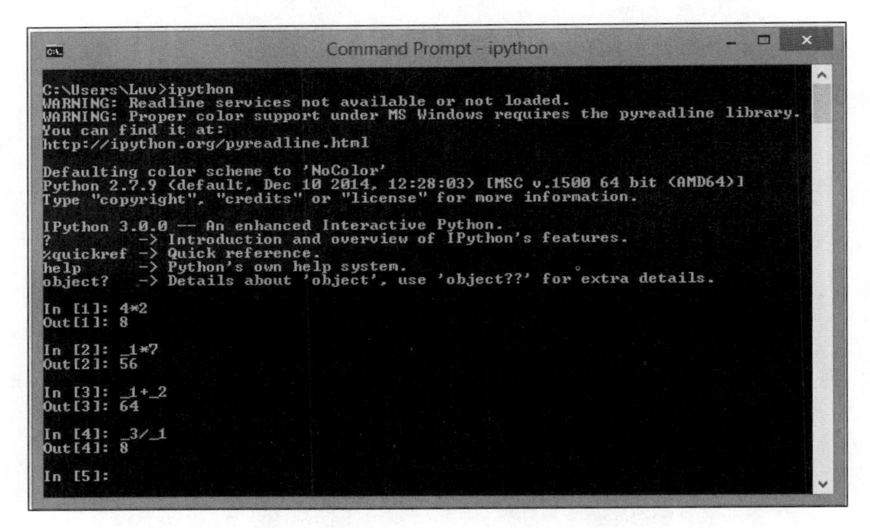

如果我们输入任意Python对象后加问号（objname?），IPython终端就会显示这个对象的文字说明、功能以及构建方法，如下图所示。我们创建了pandas的一个DataFrame对象df，然后用df?查看它的属性。

```
Command Prompt - ipython
In [15]: import numpy as np

In [16]: randn = np.random.randn

In [17]: from pandas import *

In [18]: df = DataFrame({'one-1' : Series(randn(3), index=['a', 'b', 'c']),
   ....:                'two-2' : Series(randn(4), index=['a', 'b', 'c', 'd']),
   ....:                'three-3' : Series(randn(3), index=['b', 'c', 'd'])})

In [19]: df?
Type:           DataFrame
String form:
      one-1    three-3     two-2
a  0.296237        NaN  0.225582
b  0.310758  -0.894493  0.350207
c  0.381691  -0.501984 -0.333075
d       NaN   1.183187  0.680522
Length:         4
File:           c:\python27\lib\site-packages\pandas\core\frame.py
Docstring:
Two-dimensional size-mutable, potentially heterogeneous tabular data
structure with labeled axes (rows and columns). Arithmetic operations
align on both row and column labels. Can be thought of as a dict-like
container for Series objects. The primary pandas data structure

Parameters
----------
data : numpy ndarray (structured or homogeneous), dict, or DataFrame
    Dict can contain Series, arrays, constants, or list-like objects
index : Index or array-like
    Index to use for resulting frame. Will default to np.arange(n) if
    no indexing information part of input data and no index provided
columns : Index or array-like
    Column labels to use for resulting frame. Will default to
    np.arange(n) if no column labels are provided
dtype : dtype, default None
    Data type to force, otherwise infer
copy : boolean, default False
    Copy data from inputs. Only affects DataFrame / 2d ndarray input

---Return to continue, q to quit---
```

1. 操作系统命令接口

我们经常需要用操作系统的命令辅助进行计算。用户可以通过命令别名速记常用命令。IPython终端还支持UNIX系统的`ls`等命令，用户只要在命令前面加一个感叹号`!`，就可以执行任何操作系统命令和系统脚本文件。

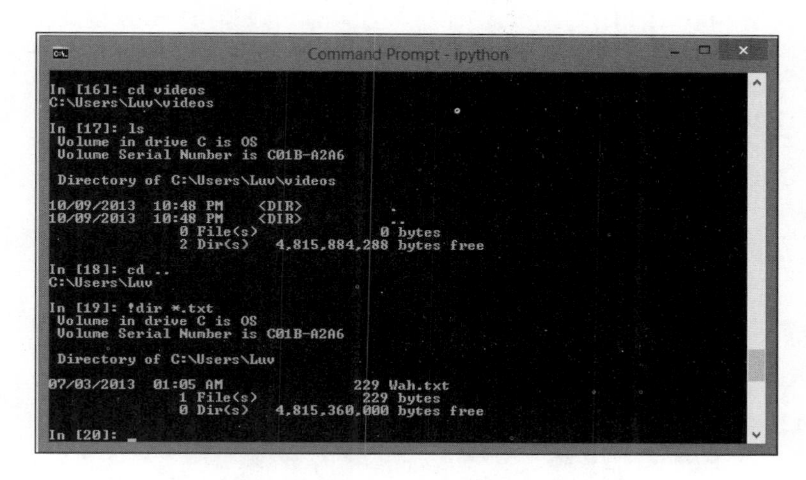

在IPython命令行中执行一个操作系统命令

2. 无阻塞的画图功能

在Python命令行里创建图形，然后用`show()`命令显示的时候，会在新窗口显示图形，并且在用户关闭图形窗口之前，命令行都是阻塞状态，不可继续使用。但是，IPython有一个`-pylab`

标记。如果通过`IPython -pylab`命令启动IPython命令行，在显示图形时，图形会直接出现在命令行窗口，不会阻塞命令行继续运行。如下图所示，当使用`IPython -pylab`命令时，图形显示不会阻塞命令行。

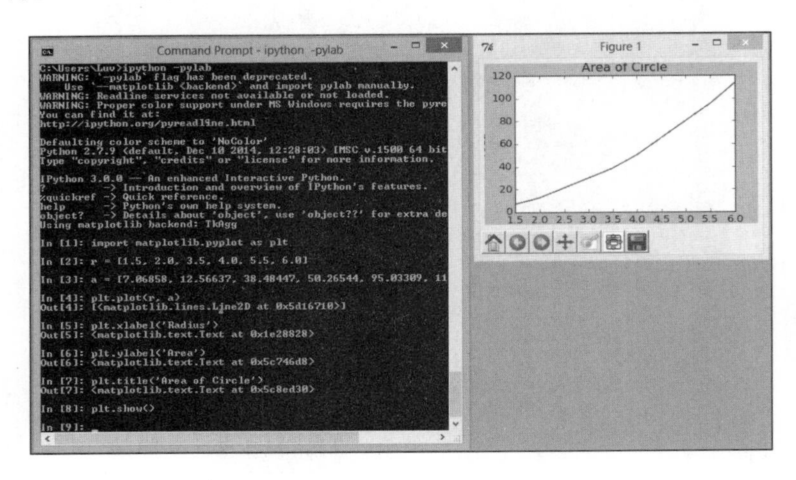

3. 调试

IPython具有非常强大的程序调试以及错误和异常追踪功能。当我们运行脚本之后，通过`%debug`命令就可以启动Python的调试器（`pdb`）来分析问题。我们可以在这里调试，因为我们可以打印变量结果，执行语句，追踪异常来源。这个功能可以让用户轻松调试，不需要借助其他外部调试工具。

`%debug`命令的截图如下所示。

用户可以通过`%run -d programname.py`命令单步调试程序，如下图所示。我们可以对stepbystep.py文件进行单步调试。在每一行，调速器都会提醒用户输入`c`确认继续调试下一行代码。

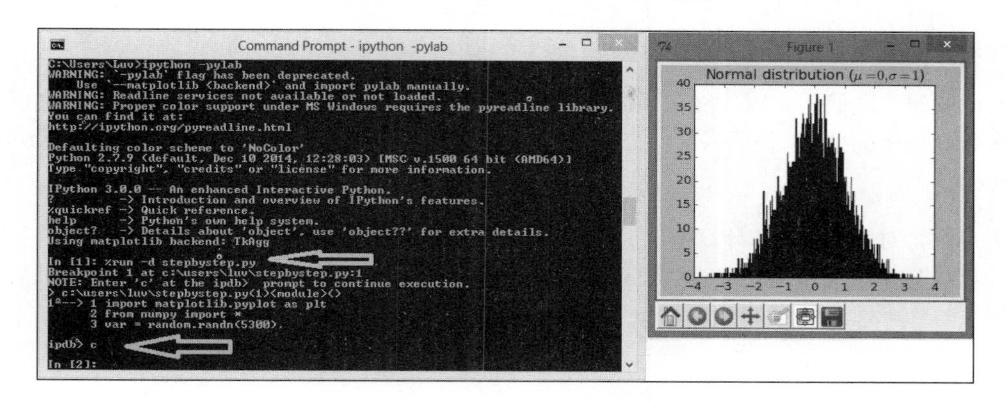

7.4.2 IPython Notebook

IPython的网页版应用叫Notebook。设计和开发它的目的，是让用户可以通过网页丰富的展现形式体验交互式计算，可以编写解释概念的文字、数学公式、计算程序代码并输出图形。程序的输入和输出可以根据需要放在不同的单元中。

下图取自http://ipython.org/notebook.html，演示了IPython Notebook的功能。

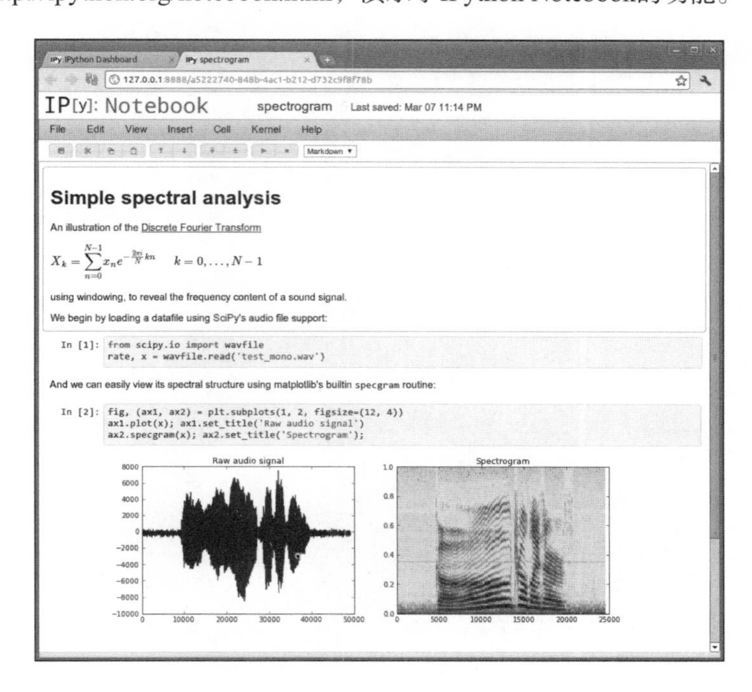

7.5　小结

这一章首先介绍了matplotlib的基本概念和组成部分，然后通过一些小程序演示了不同图形的制作方法。此外还介绍了将图形保存为不同格式的方法，以及用pandas进行数据分析的方法。

与此同时，我们还介绍了pandas的数据结构。通过对pandas数据结构的详细介绍，你可以掌握许多数据分析的技能。最后一部分介绍了IPython的交互式编程的概念、用法和网页应用IPython Notebook。

下一章将对Python科学计算中的并行与高性能计算进行全面的介绍。首先将会介绍并行与高性能计算的基本概念以及现有的框架和技术等，然后深入介绍Python并行与高性能计算框架与工具的用法。

第 8 章

并行与大规模科学计算

本章主要介绍在Python中使用并行和大规模计算的重要概念，或者说是用IPython解决科学计算问题，还会介绍大规模科学计算和大数据处理的发展趋势。本章通过程序示例帮助你更好地理解这些概念。

本章将介绍的主题如下：

- IPython并行计算基础
- IPython并行计算的组成部分
- IPython的任务接口和数据库
- IPython的直接运行接口
- IPython并行计算详述
- IPython的MPI编程
- 在Python中使用Hadoop和Spark进行大数据处理

IPython通过启动多个进程，让用户使用并行计算。IPython的第一个进程是IPython引擎，它是一个Python解释器，可以执行用户提交的任务。用户可以启动多个引擎来执行并行计算。第二个进程是IPython集线器，它监控引擎和调度器，跟踪用户任务的状态。集线器进程监控来自引擎和客户端的注册请求，它会持续地监控与调度器关联的连接。第三个进程是IPython调度器。这是一组进程，在客户端和引擎之间传送命令和结果。通常，调度器进程在已运行控制器进程的机器上，与集线器进程连接。最后一个进程是IPython客户端，是一个IPython会话，协调引擎完成计算任务。

以上介绍的所有进程组合起来称为IPython集群。这些进程之间通过ZeroMQ进行通信。ZeroMQ支持多种通信协议，包括Infiband、IPC、PGM、TCP等。IPython控制器是由集线器和调度器构成的，通过网络套接字（socket）监听客户端请求。当用户开启一个引擎之后，它会连接一个集线器并完成注册。集线器首先将调度器连接信息传递给引擎。之后，引擎会连接调度器。这些连接会在一个引擎的整个生命周期中存在。每个IPython客户端都会使用许多socket对象连接控制器。通常，客户端连接每个调度器用一个连接，连接每个集线器用三个连接。这些连接会在客户端的生命周期中持续存在。

8.1 用 IPython 做并行计算

IPython可以让用户以交互的方式完成并行与高性能计算。可以用IPython自带的并行计算方法，由上面四个部分（集线器、引擎、调度器和客户端）组成，能满足绝大多数并行需求。具体说来，IPython支持以下四类并行方式。

- **单程序，多数据并行**（single program, multiple data parallelism，SPMD）：这是最常见的并行编程方式，属于多指令多数据（Multiple Instruction and Multiple Data，MIMD）的子集。在这个模型中，每个任务会单独执行同一程序的复制版本。每个任务处理不同的数据集以实现更高的性能。
- **多程序，多数据并行**（multiple program, multiple data parallelism，MPMD）：在这种并行方式中，每个任务会在每个计算节点上运行不同的程序，处理不同的数据。
- **使用消息传递接口进行通信**（message passing using MPI）：消息传递接口（Message Passing Interface，MPI）是开发者设计消息传递程序库的设计规则。它是一种与编程语言无关的设计规则，可以让用户写出基于消息传递的并行程序。目前，它支持分布式内存共享模式和它们的混合模式。
- **任务并行**：任务并行方式是在不同的计算节点之间分配任务。任务可以是线程，消息传递的组成部分，或者其他编程模式的组成部分，例如MapReduce。
- **数据并行**：数据并行方式是在不同的计算节点之间分配数据。数据并行与任务并行最大的区别在于，数据并行是在计算节点之间分配和并行化数据。
- **以上类型的混合模式**：IPython也支持前面不同并行方式的混合体。
- **用户自定义的并行方式**：IPython被设计得十分简单灵活，用户可以按照自己的需求定义新的并行方式。

IPython可以在程序整个生命周期中的各个阶段使用交互式并行，例如开发、运行、调试与监控阶段。

IPython配合matplotlib可以让用户分析并可视化远程或分布式大型数据库。也支持用户在远程集群计算，然后将数据拉回本机再进行分析和可视化。用户可以通过IPython客户端将一个MPI应用推送到高性能的计算机上。它还可以对运行在一组CPU上的任务进行动态的负载均衡。另外，IPython还可以让用户通过两三行代码就写出一个简单的并行程序。用户可以交互式地开发、运行、测试、调试自定义并行程序。IPython允许用户将运行在不同计算节点上的MPI资源，组合成一个较大的分布式/并行系统。

8.2 IPython 并行计算架构

IPython并行计算架构有三个主要组成部分。这些组成部分是IPython并行程序包的部件。

IPython并行计算架构如下图所示。

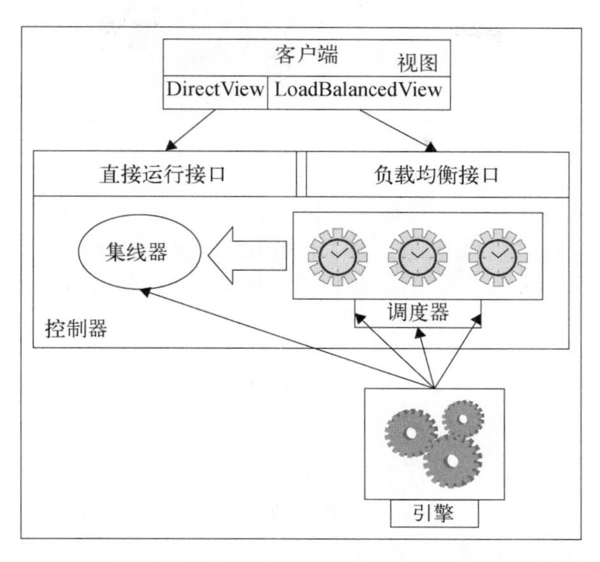

IPython并行计算的三个主要部分是客户端、控制器和引擎。控制器由两部分组成：集线器和调度器。客户端与引擎的交互可以通过两种方式实现：直接运行接口和负载均衡接口。

并行计算的组成部分

IPython并行计算架构的组件和内容将在下面介绍。这些组件包括IPython引擎、IPython控制器（集线器和调度器）、IPython客户端与IPython视图。

1. IPython引擎

这个核心组件以网络请求的形式接受要执行的Python代码。引擎是一个普通Python解释器的实例，最终将会演变成一个功能健全的IPython解释器。用户可以通过启动多个引擎来实现分布式计算与并行计算。用户输入的代码在IPython中以阻断模式运行。

2. IPython控制器

IPython控制器是由一个集线器和若干个调度器构成的。IPython控制器绑定了客户端与引擎通信的多个进程。它是连接运行Python进程的用户与IPython引擎的枢纽。通常情况下，调度器都是运行集线器的计算机上的独立进程。有时，调度器也可以运行在远程计算机上。

- **集线器**：集线器是最重要的组件。它会持续跟踪调度器与客户端以及与引擎的连接信息。它会处理客户端与引擎的所有连接以及整个网络的通信需求。它还会用数据库保存所有的请求和计算结果，以备后面的程序使用。集线器还提供了查询集群状态的功能，并为用户隐藏客户端与引擎连接的大量细节。

- **调度器**：提交给引擎处理的Python代码，都是通过调度器传递的。调度器还解决了引擎执行用户代码时造成的阻塞问题。调度器为用户隐藏这些细节，并通过完全异步的连接方式连接IPython引擎。

3. IPython视图与接口

控制器提供了两种接口模式与引擎通信。第一种是`Direct`（直接运行）接口。在这种模式下引擎会把任务直接分配到固定地址运行。另一种是`LoadBalanced`（负载均衡）接口，适当地分配任务到空闲的调度器。IPython的灵活设计可以让我们对视图进行扩展，以实现更加复杂的接口机制。

不同的模式连接到控制器时，会产生一个`view`对象。两种模式通过控制器与机器进行交互的方法如下。

- `DirectView`类支持直接分配地址。它可以让用户代码在所有引擎上运行。
- `LoadBalancedView`类会帮助用户以负载均衡的方式对任务进行分配。它可以让用户程序运行在调度器指定的任意一个引擎上。

4. IPython客户端

客户端是一种用于连接IPython计算集群的对象。创建客户端对象的时候，用户可以选择前面介绍的任意一种视图。一旦客户端创建之后，只要任务在运行，它就会一直存在。当客户端运行达到规定时限，或者用户通过`kill`命令中止客户端进程，它就会被销毁。

8.3 并行计算示例

下面的例子是演示IPython并行计算的简单程序。它将对比单引擎与多引擎并行计算指数函数（*a*的*b*次方）的效率。运行代码之前，建议你检查一下zmq软件包是否已经安装，它是必需的。

要在IPython里启动并行程序，首先需要执行`ipcluster start --n=4 --profile=testprofile`命令。首先需要在/.ipython/profile_testprofile/security目录下创建ipcontroller-engine.json和ipcontroller-client.json文件。创建客户端时加上`profile='testprofile'`参数，就会搜索这些文件。如果我们用`parallel.Client()`命令创建客户端，就会在profile_default文件夹里搜索JSON文件。

首先程序创建一个计算指数的函数，然后创建一个单引擎的客户端。要在引擎中调用Python函数，可以使用客户端或视图的`apply`方法。Python的`map`函数可以对序列对象进行映射计算。`DirectView`和`LoadBalancedView`里的`map`函数可以对序列进行并行计算。我们可以用阻塞和非阻塞两种模式运行。在阻塞模式下，我们将参数`block`设置为`true`，默认值是`false`：

```
from IPython import parallel
def pow(a, b):
    return a ** b
clients = parallel.Client(profile='testprofile')
print clients.ids
clients.block = True
clients[0].apply(pow, 2, 4)
clients[:].apply(pow, 2, 4)
map(pow, [2, 3, 4, 5], [2, 3, 4, 5])
view = clients.load_balanced_view()
view.map(pow, [2, 3, 4, 5], [2, 3, 4, 5])
```

8.3.1 并行装饰器

在DirectView里有一个装饰器可以创建parallel并行函数。这个函数在序列上运行，首先会打破原有的次序，之后并行计算每个元素的函数值，最后再把结果按顺序重组。LoadBalancedView的装饰器也可以把Python程序转换成parallel函数：

```
from IPython import parallel
clients = parallel.Client(profile='testprofile')
lbview = clients.load_balanced_view()
lbview.block = True
serial_computation = map(lambda i:i**5, range(26))
parallel_computation = lbview.map(lambda i: i**5, range(26))
@lbview.parallel()
def func_turned_as_parallel(x):
    return x**8
func_turned_as_parallel.map(range(26))
```

8.3.2 IPython 的魔法函数

IPython有许多魔法函数，用户可以像命令一样使用它们。IPython有两种魔法函数，分别是行魔法函数（line magic，单行语句）和单元魔法函数（cell magic，多行语句）。行魔法函数是在前面加%，功能如同操作系统命令。单元魔法函数是在前面加%%，它们会把这一行和后面的代码看成一体，与其他代码区别对待。

8

当用户创建了客户端之后，就可以使用魔法函数了。部分行魔法函数介绍如下。

- %px：可以让指定的引擎运行一个Python命令。用户可以通过设置视图实例的target属性来选择引擎。
- %pxconfig：即使我们没有任何激活的视图，也可以用pxconfig魔法函数加--targets、--block和--noblock参数选择引擎。
- %autopx：这是一个有弹性的魔法函数，可以自动选择并行和非并行模式。第一次调用时，它会把终端切换成一种能够让所有命令和函数以并行模式运行的状态，直到用户再次调用autopx函数才结束。

- %pxresult：在非阻塞模式下，%px函数不会返回计算结果。可以用pxresult魔法函数看到最新的结果。

在单元魔法函数模式下，px（%%px）魔法函数可以通过--targets选项设置目标引擎，--block或--noblock选项设置阻塞或非阻塞执行模式。当我们没有启动视图实例时，这些参数非常有用。另外还有--group-output选项，可以管理多个引擎的输出结果。

下面的程序将演示px与pxresult作为行魔法函数和单元魔法函数的用法。还演示了autopx和pxconfig行魔法函数，以及为这些行魔法函数创建具体后缀的方法。程序第二行和第三行向IPython会话以及所有引擎导入了模块numpy。第二行语句后面导入的所有模块都会在引擎上运行：

```
from IPython import parallel
drctview = clients[:]
with drctview.sync_imports():
    import numpy
clients = parallel.Client(profile='testprofile')
drctview.activate()
drctview.block=True
%px dummymatrix = numpy.random.rand(4,4)
%px eigenvalue = numpy.linalg.eigvals(dummymatrix)
drctview['eigenvalue']

%pxconfig --noblock
%autopx
maximum_egnvals = []
for idx in range(50):
    arr = numpy.random.rand(10,10)
    egnvals = numpy.linalg.eigvals(arr)
    maximum_egnvals.append(egnvals[0].real)
%autopx
%pxconfig --block
%px answer= "The average maximum eigenvalue is: %f"%(sum(maximum_\
    egnvals)/len(maximum_egnvals))
dv['answer']

%%px --block --group-outputs=engine
import numpy as np
arr = np.random.random (4,4)
egnvals = numpy.linalg.eigvals(arr)
print egnvals
egnvals.max()
egnvals.min()

odd_view = clients[1::2]
odd_view.activate("_odd")
%px print "Test Message"
odd_view.block = True
```

```
%px print "Test Message"
clients.activate()
%px print "Test Message"
%px_odd print "Test Message"
```

1. 激活视图

默认情况下，魔法函数与DirectView对象有对应关系（一个对象使用一类魔法函数）。用户可以在任意一个视图中调用activate()方法改变DirectView对象。激活视图时，我们可以添加一个新后缀名，比如定义成odd_view.activate("_odd")。对于这个视图，在原始的魔法函数基础上就生成了一个新的魔法函数，例如%px_odd，在前面程序的最后一行使用。

2. 引擎与Qt终端

px魔法函数可以让用户把Qt终端连接到引擎上，方便代码调试。下面的程序演示了利用bind_kernel将Qt终端与引擎连接，监听一个连接的信息：

```
%px from IPython.parallel import bind_kernel; bind_kernel()
%px %qtconsole
%px %connect_info
```

8.4 IPython 的高级特性

下面将介绍IPython的一些高级特性。

8.4.1 容错执行

默认情况下，IPython的引擎是可以容错并动态负载均衡的集群系统。在任务接口里的客户端不会直接连接到引擎。任务都是通过调度器分配的，这样可以保证接口设计得简单、灵活、强大。

在IPython中如果一个任务失败了，就会重新排队并尝试再次启动。用户可以设置任务失败重新启动的次数，以及设置重新提交任务给其他引擎。

如果有需要，可以显式地重新提交任务。也可以为任务重试次数设置一个标示——设置一个视图或调度器标示即可。

如果用户确信任务失败不是代码问题，那么重试次数可以设置为1到引擎数量之间的任意整数值。

之所以将最大重试次数限制为引擎数量，是因为任务不会被再次提交给已经运行失败的引擎。

设置重新提交标示的方法有两种。一种是用LoadBalancedView对象（假设名称是lbvw）设置重试次数，如下所示：

```
lbvw.retries = 4
```

另一种方法是用with ...temp_flags代码块设置，像这样：

```
with lbvw.temp_flags(retries=4):
    lbview.apply(task_tobe_retried)
```

8.4.2 动态负载均衡

调度器可以按照不同的调度策略进行配置。在动态负载均衡时，IPython可以使用许多调度机制对任务进行分配，同时也可以对调度机制进行自定义。选择一种调度机制的方法有两种。一是设置config对象的taskSchedulerscheme_name属性，二是通过ipcontroller的参数进行配置：

```
ipcontroller --scheme=<schemename>
```

示例如下：

```
ipcontroller --scheme=lru
```

这里的<schemename>可以有以下几种方式（与操作系统调度方式一致）。

- lru：最近用过的（Least Recently Used，LRU）是一种将任务分配给刚刚使用过的引擎的调度方式。
- plainrandom：这种方式是随机选择一个引擎运行任务。
- twobin：这种方式是用NumPy函数分配任务。它是plainrandom和lru的组合形式，首先随机选择两个引擎，然后选择两者中最近用过的引擎。
- leastload：这是调度器的默认调度机制。它会选择负载最小的引擎（即当前运行任务数量最少的引擎）运行任务。
- weighted：这是twobin调度机制的加权版本。首先随机选择两个引擎，然后以引擎负载数量或未完成的任务数量作为权重，再选择权重低（即负载数量较少）的引擎。

8.4.3 在客户端与引擎之间推拉对象

除了在引擎上调用函数并运行代码，IPython还允许用户在引擎和客户端之间移动Python对象。push方法是客户端向引擎推送对象，pull方法是客户端逆向从引擎拉回对象。在非阻塞模式下，push和pull方法都会返回AsyncResult对象。要在非阻塞模式下返回结果，可以这样拉回对象[①]：rslt = drctview.pull(('a','b','c'))。可以调用rslt.get()方法显示拉取对象的值。有时，把输入数据序列分割成几块，然后推送给不同的引擎是非常有效的做法。这种分割方法可以用scatter和gather函数来实现，类似于MPI的方式。scatter操作是从客户端

① IPython结果是在引擎中计算出来的。——译者注

（IPython会话）把分割序列推送给引擎，gather操作是把分割对象从引擎拉回到客户端。

这些功能全部通过下面的程序进行演示。在程序最后，通过scatter和gather函数来实现并行计算两个矩阵的点乘运算。

```
import numpy as np
from IPython import parallel
clients = parallel.Client(profile='testprofile')
drctview = clients[:]
drctview.block = True
drctview.push(dict(a=1.03234,b=3453))
drctview.pull('a')
drctview.pull('b', targets=0)
drctview.pull(('a','b'))
drctview.push(dict(c='speed'))
drctview.pull(('a','b','c'))
drctview.block = False
rslt = drctview.pull(('a','b','c'))
rslt.get()

drctview.scatter('a',range(16))
drctview['a']
drctview.gather('a')

def paralleldot(vw, mat1, mat2):
    vw['mat2'] = mat2
    vw.scatter('mat1', mat1)
    vw.execute('mat3=mat1.dot(mat2)')
    return vw.gather('mat3', block=True)
a = np.matrix('1 2 3; 4 5 6; 7 8 9')
b = np.matrix('4 5 6; 7 8 9; 10 11 12')
paralleldot(drctview, a,b)
```

下面的程序演示了首先从客户端向引擎推送对象，然后从引擎拉回结果到客户端。程序在所有引擎上计算两个矩阵的点乘，再收集结果。同时，程序还通过allclose()方法证明结果都是一样的，如果都一样就会返回True。在程序的execute命令中，添加print mat3语句是为了后面用display_outputs()函数在屏幕上显示所有引擎的输出结果：

```
import numpy as np
from IPython.parallel import Client
ndim = 5
mat1 = np.random.randn(ndim, ndim)
mat2 = np.random.randn(ndim, ndim)
mat3 = np.dot(mat1,mat2)
clnt = Client(profile='testprofile')
clnt.ids
dvw = clnt[:]
dvw.execute('import numpy as np', block=True)
dvw.push(dict(a=mat1, b=mat2), block=True)
rslt = dvw.execute('mat3 = np.dot(a,b); print mat3', block=True)
rslt.display_outputs()
```

```
dot_product = dvw.pull('mat3', block=True)
print dot_product
np.allclose(mat3, dot_product[0])
np.allclose(dot_product[0], dot_product[1])
np.allclose(dot_product[1], dot_product[2])
np.allclose(dot_product[2], dot_product[3])
```

8.4.4　支持数据库存储请求与结果

IPython集线器会存储任务请求与结果给后面的程序使用。默认情况下，它都使用SQLite数据库，现在还支持MongoDB数据库和一种叫DictDB的内存数据库。用户可以在配置文件里设置数据库类型。在配置文件夹里，有一个ipcontroller_config.py文件。可以通过ipcluster命令启动配置文件。文件里有c.HubFactory.db_class选项，用户可以设置自己想用的数据库，如下所示：

```
# 配置dictdb，字典形式内存数据库
c.HubFactory.db_class = 'IPython.parallel.controller.dictdb.DictDB'
# 配置MongoDB:
c.HubFactory.db_class = 'IPython.parallel.controller.mongodb.MongoDB'
# 配置SQLite:
c.HubFactory.db_class = 'IPython.parallel.controller.sqlitedb.SQLiteDB'
```

默认属性值是NoDB，表示没使用任何数据库。如果用户想获取任何已执行任务的结果，可以在客户端对象上调用get_result函数。不过客户端对象还有一个更好的函数db_query()。这个方法是按照MongoDB查询方式设计的，它通过一个词典对象查询，词典的键就是带准确值的TaskRecord键，或者MongoDB的查询。这些参数的语法是按照{'operator' : 'argument(s)'}这类形式。还有一个可选的参数，名字是keys。这个参数用于指定需要获取的键。它会返回一个TaskRecord词典列表。默认情况下，会返回所有的键，除了引擎缓存中的请求和结果。与MongoDB类似，msg_id键也会出现在里面。一些TaskRecord键的含义解释如下。

- msg_id：这个值是uuid（字节）类型，表示消息的ID。
- header：这个值是dict类型，存放请求头信息。
- content：这个值是dict类型，存放请求内容，通常为空。
- buffers：这个值是list（字节）类型，请求对象的缓存列表。
- Submitted：这个值是datetime类型，存放任务的时间戳。
- client_uuid：客户端的uuid值（universally unique identifier，通用唯一标识符）。
- engine_uuid：这个值是uuid（字节）类型，计算引擎套接字的uuid值。
- started：这个值是datetime类型，存放引擎开始计算的时间。
- completed：这个值是datetime类型，存放引擎完成计算的时间。
- resubmitted：这个值是datetime类型，存放引擎（异常中断后）恢复计算的时间。
- result_header：这个值是dict类型，存放计算结果的请求头。
- result_content：这个值是dict类型，存放计算结果的内容。

- result_buffers：这个值是list（字节）类型，计算结果对象的缓存列表。
- queue：这个值是bytes类型，任务队列的名称。
- stdout：标准输出（standard output）数据流。
- stderr：标准错误（standard error）数据流。

下面的程序演示了db_query()和get_result()获取结果的用法。

```
from IPython import parallel
from datetime import datetime, timedelta
clients = parallel.Client(profile='testprofile')
incomplete_task = clients.db_query({'complete' : None}, keys=['msg_\
id', 'started'])
one_hourago = datetime.now() - timedelta(1./24)
tasks_started_hourago = clients.db_query({'started' : {'$gte' : one_\
hourago },'client_uuid' : clients.session.session})
tasks_started_hourago_other_client = clients.db_query({'started'
: {'$le' : hourago }, 'client_uuid' : {'$ne' : clients.session.
session}})
uuids_of_3_n_4 = map(clients._engines.get, (3,4))
headers_of_3_n_4 = clients.db_query({'engine_uuid' : {'$in' : uuids_\
of_3_n_4 }}, keys='result_header')
```

下面是db_query方法里可用的关系运算符，与MongoDB一样。

- '$in'：元素在列表/序列中。
- '$nin'：元素不在列表/序列中。
- '$eq'：表示等于（==）。
- '$ne'：表示不等于（!=）。
- '$gt'：表示大于（>）。
- '$gte'：表示大于等于（>=）。
- '$lt'：表示小于（<）。
- '$lte'：表示小于等于（<=）。

8.4.5 在 IPython 里使用 MPI

通常，多引擎的并行算法都需要在引擎之间进行数据交换。我们在前面已经介绍了IPython数据交换的方法。然而，因为那不是引擎与客户端的直接数据交换方式，数据都需要经过控制器的调度，所以速度比较慢。另一种高性能的数据交互方式是通过MPI。IPython并行计算架构可以完美支持MPI。要在IPython用MPI实现并行计算，需要安装OpenMPI或MPICH2/MPICH和mpi4py软件包。安装之后，可以通过mpiexec和mpirun命令检测是否安装成功。

安装测试完成之后，在运行真正的MPI程序之前，用户需要创建一个配置文件：

```
ipython profile create --parallel --profile=mpi
```

配置文件创建之后，把下面这行代码加入profile_mpi文件夹的ipcluster_config.py文件中：

```
c.IPClusterEngines.engine_launcher_class = 'MPIEngineSetLauncher'
```

现在系统已经可以在IPython上运行MPI程序了。用户可以通过下面的命令启动计算集群：

```
ipcluster start -n 4 --profile=mpi
```

上面的命令会启动IPython控制器，并通过mpiexec命令启动四个引擎。

下面的程序定义了一个函数，分布式计算一个数组的和。把程序命名为parallelsum.py，它将在后面程序中使用：

```
from mpi4py import MPI
import numpy as np

def parallelsum(arr):
    localsum = np.sum(arr)
    receiveBuffer = np.array(0.0,'d')
    MPI.COMM_WORLD.Allreduce([localsum, MPI.DOUBLE],
        [receiveBuffer, MPI.DOUBLE],
        op=MPI.SUM)
    return receiveBuffer
```

在下面的程序中使用前面定义的函数，在多个引擎上计算。下面就是并行数组求和的程序：

```
from IPython.parallel import Client
clients = Client(profile='mpi')

drctview = clients[:]
drctview.activate()
# 将程序的文件名作为参数运行计算
drctview.run(parallelsum.py.py')
drctview.scatter('arr',np.arange(20,dtype='float'))
drctview['arr']
# 调用函数
%px sum_of_array = parallelsum(arr)
drctview['sum_of_array']
```

8.4.6　管理任务之间的依赖关系

IPython对任务之间依赖关系的管理有着强有力的支持。在大多数科学与商业计算领域，仅仅负载均衡不足以解决计算的复杂性。应用还需要管理任务之间的依赖关系。这些依赖包括计算过程中需要的软件、Python模块、操作系统、硬件，在一群任务中执行单个任务所需的运行顺序、时间、空间。IPython支持两种依赖关系管理方式：函数依赖（functional dependency）和图依赖（graph dependency）。

1. 函数依赖关系

函数依赖用于确定一个引擎是否有能力运行一个任务。这个概念通过IPython.parallel.

error里的一个UnmetDependency异常实现。如果任务运行失败并触发UnmetDependency异常，调度器不会把异常发送到客户端，而是自动处理异常并把失败任务提交到其他引擎上。调度器会重复这个过程直到找出适合的引擎。另外，调度器不会向同一个引擎提交两次。

函数依赖装饰器

虽然用户也可以手动触发UnmetDependency异常，但是IPython还是提供了两个装饰器来管理依赖关系。

- @require:这个装饰器管理那些当被装饰函数被调用时,需要在引擎里使用特殊的Python模块、局部函数或局部对象的任务的依赖关系。函数将通过名称推送到引擎里，对象可以通过arg关键词传递。我们可以传递执行任务需要的所有Python模块的名称。通过这个装饰器，用户可以自定义一个函数，只在那些装饰器里的模块名称是可用的、可导入的引擎上运行。

  例如，下面代码中的函数依赖NumPy和pandas模块，里面需要使用NumPy的randn和pandas的Series。假如有个任务需要调用该函数，那么该函数会在已经导入这两个模块的机器上运行。一旦函数被调用，NumPy和pandas模块就会导入：

```
from IPython.parallel import depend, require
# 下面函数用randn和Series
@require('pandas', 'numpy')
def func_uses_functions_from_numpy_pandas():
  return performactivity()
```

- @depend：这个装饰器让用户可以定义一个与其他函数有依赖关系的函数。它可以判定依赖关系是否满足。在任务运行之前，依赖函数先被调用。如果函数返回true，那么任务的执行过程就会开始。如果依赖函数返回false，说明依赖关系未得到满足，于是任务将被分配给其他引擎。

  下面的代码块创建了一个依赖函数，检查引擎的操作系统是否匹配当前操作系统。这么做是因为用户想写两个不同的函数，分别在Linux和Windows操作系统上完成不同的任务：

```
from IPython.parallel import depend, require
def find_operating_system(plat):
  import sys
  return sys.platform.startswith(plat)
@depend(find_operating_system, 'linux')
def linux_specific_task():
  perform_activity_on_linux()
@depend(find_operating_system, 'win')
def linux_specific_windows():
  perform_activity_on_windows()
```

2. 图依赖关系

这是另一种重要的依赖关系，任务彼此之间相互依赖，当若干或所有任务都已经成功运行后，一个任务才运行。还有一种依赖关系是：一个任务必须在指定的若干依赖已经得到满足时才执行。一般情况下，用户在执行任务之前，需要设置具体的时间和位置，也作为其他任务的时间、位置和结果的函数。Dependency类是IPython管理图依赖关系的专用类，Dependency是Set类的子类。它包括任务的信息ID号和一些属性。这些属性可以帮助用户检查依赖关系是否得到满足。

- any|all：这些属性决定每个依赖是否都需要满足。所有依赖设置的默认值都是True。
- success：这个属性的默认值是True，表示如果指定的任务成功地运行，就认为依赖关系得到了满足。
- failure：这个属性的默认值是False，表示如果指定的任务运行失败，就认为依赖关系得到了满足。
- after：这个属性表示指定的任务运行之后，应执行相关任务。
- follow：follow属性表示指定的任务应该与依赖任务一样，在同一位置运行。
- timeout：这个属性表示调度器等待依赖被满足的时限要求。默认是0，表示任务可以无限等待依赖。当超过时限要求之后，会触发DependencyTimeout异常，对应的任务运行失败。

有一些任务的功能是清理失败任务。只有指定任务运行失败时，它们才会启动。用户需要用failure=True,success=False来启动这些任务。对于一些有依赖关系的任务，需要那些依赖关系都完全得到满足。在这种情况下，用户需要把函数设置成success=True和failure=False。有时用户也需要有依赖关系的任务可以独立地运行，不去考虑依赖任务运行的成功与失败。这时，用户需要设置函数为success=failure=True。

3. 不可能满足的依赖关系

有一些依赖关系不可能满足。如果调度器搞不定这些依赖关系，它就会一直傻傻地等啊等，期待着依赖关系被满足，这显然不合理。为了解决这个问题，调度器会提前分析图依赖关系，评估依赖关系可以满足的可能性。如果调度器经过评估发现依赖关系不可能得到满足，就会触发ImpossibleDependency错误。下面的程序演示了如何管理任务之间的图依赖关系：

```
from IPython.parallel import *
clients = ipp.Client(profile='testprofile')
lbview = clients.load_balanced_view()

task_fail = lbview.apply_async(lambda : 1/0)
task_success = lbview.apply_async(lambda : 'success')
clients.wait()
print("Fail task executed on %i" % task_fail.engine_id)
print("Success task executed on %i" % task_success.engine_id)

with lbview.temp_flags(after=task_success):
    print(lbview.apply_sync(lambda : 'Perfect'))

with lbview.temp_flags(follow=pl.Dependency([task_fail, task_success],
```

```
failure=True)):
    lbview.apply_sync(lambda : "impossible")

with lbview.temp_flags(after=Dependency([task_fail, task_success], failure=True,
success=False)):
    lbview.apply_sync(lambda : "impossible")

def execute_print_engine(**flags):
    for idx in range(4):
        with lbview.temp_flags(**flags):
            task = lbview.apply_async(lambda : 'Perfect')
            task.get()
            print("Task Executed on %i" % task.engine_id)

execute_print_engine(follow=Dependency([task_fail, task_success], all=False))
execute_print_engine(after=Dependency([task_fail, task_success], all=False))
execute_print_engine(follow=Dependency([task_fail, task_success], all=False,
failure=True, success=False))
execute_print_engine(follow=Dependency([task_fail, task_success], all=False,
failure=True))
```

4. DAG依赖关系与NetworkX函数库

一般情况下，用有向无环图（Directed Acyclic Graph，DAG）表示并行工作流更合适。Python的知名画图程序库是NetworkX。有向无环图是由节点和有向边组成的。边连接不同的节点，每条边都有方向。我们可以用这个概念表示依赖关系。例如，edge(task1, task2)是从任务1到任务2的边，表示任务2依赖于任务1。而edge(task2, task1)表示任务1依赖于任务2。这个图里不能有环，所以称为无环图。

下面让我们看看一个六节点DAG。任务0不依赖于任何任务，所以它可以立即执行。但是，任务1和任务2依赖于任务0，因此它们会在任务0完成之后运行。而任务3依赖于任务1和任务2，因此它在任务1和任务2运行结束之后才会运行。同理可得，任务4和任务5在任务3运行结束之后才会运行。任务6仅仅依赖任务4，因此它会在任务4运行完成后运行。

下面的程序是上面DAG的描述。程序中，任务用数字表示，任务0用0表示，任务1用1表示，以此类推：

```
import networkx as ntwrkx
import matplotlib.pyplot as plt

demoDAG = ntwrkx.DiGraph()
map(demoDAG.add_node, range(6))
demoDAG.add_edge(0,1)
demoDAG.add_edge(0,2)
demoDAG.add_edge(1,3)
demoDAG.add_edge(2,3)
demoDAG.add_edge(3,4)
demoDAG.add_edge(3,5)
demoDAG.add_edge(4,6)
```

```
pos = { 0 : (0,0), 1 : (-1,1), 2 : (1,1), 3 : (0,2), 4 : (-1,3), 5 : (1, 3), 6 : (-1,
4)}
labels={}
labels[0]=r'$0$'
labels[1]=r'$1$'
labels[2]=r'$2$'
labels[3]=r'$3$'
labels[4]=r'$4$'
labels[5]=r'$5$'
labels[6]=r'$6$'

ntwrkx.draw(demoDAG, pos, edge_color='r')
ntwrkx.draw_networkx_labels(demoDAG, pos, labels, font_size=16)
plt.show()
```

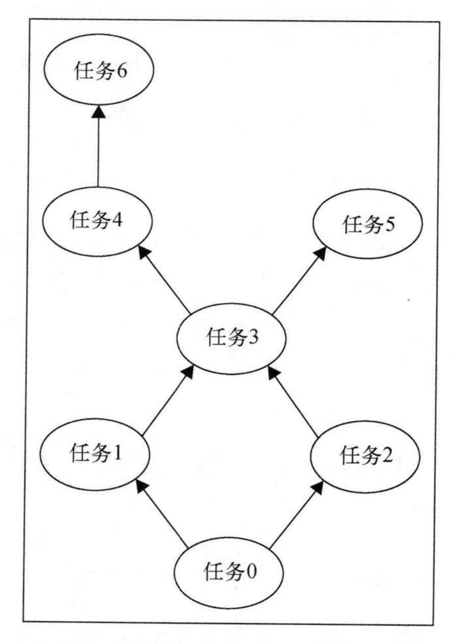

下面的程序创建了带颜色的DAG，顶点会显示任务的名称：

```
import networkx as ntwrkx
import matplotlib.pyplot as plt
demoDAG = ntwrkx.DiGraph()
map(demoDAG.add_node, range(6))
pos = {0: (0, 0), 1: (-1, 1), 2: (1, 1), 3: (0, 2), 4: (-1, 3),
       5: (1, 3), 6: (-1, 4)}

ntwrkx.draw(demoDAG, pos)
ntwrkx.draw_networkx_edges(
    demoDAG, pos, edgelist=[(0, 1), (0, 2),
        (1, 3), (2, 3), (3, 4)], edge_color='r')
ntwrkx.draw_networkx_edges( \
    demoDAG, pos, edgelist=[(3, 5), (4, 6)], edge_color='b')
```

```
ntwrkx.draw_networkx_nodes(
    demoDAG, pos, nodelist=[0, 1, 2, 3, 4],
        node_color='r', nodesize=500, alpha=0.8)
ntwrkx.draw_networkx_nodes(
    G, pos, nodelist=[5, 6], node_color='b', node_size=500, alpha=0.8)

labels = {}
labels[0] = r'$0$'
labels[1] = r'$1$'
labels[2] = r'$2$'
labels[3] = r'$3$'
labels[4] = r'$4$'
labels[5] = r'$5$'
labels[6] = r'$6$'

ntwrkx.draw_networkx_labels(demoDAG, pos, labels, font_size=16)
plt.show()
```

8.4.7 用 Amazon EC2 的 StarCluster 启动 IPython

Amazon的StarCluster可以在Amazon的弹性计算云（Elastic Compute Cloud，EC2）上非常方便地使用虚拟机计算集群。StarCluster是一个开源工具箱，用于在Amazon EC2上进行集群计算。除了自动配置集群计算之外，StarCluster还可以自定义Amazon机器镜像（Amazon Machine Images，AMIs），支持安装科学计算和软件开发的工具和程序库。这些AMI可以由ATLAS、IPython、NumPy、OpenMPI、SciPy等软件组成。用户可以在安装了StarCluster的机器上通过下面的命令获取AMI列表：

```
starcluster listpublic
```

StarCluster的操作界面十分简单直观，方便管理计算集群和存储空间。安装完之后，用户需要更新配置文件，加入Amazon EC2的账户信息，包括IP地址、地区、证书、公私密钥对。

安装配置完成之后，用户可以通过下面的命令控制Amazon EC2安装IPython：

```
starcluster shell --ipcluster=clusterName
```

如果安装过程出现任何错误，上面的命令都会提示。如果配置正确，命令就会启动StarCluster命令行并在Amazon EC2的远程集群上创建并行会话任务。StarCluster会根据`ipclient`变量内容作为名称，创建并行客户端，并以`ipview`变量内容为名称创建整个计算集群的视图。用户可以通过这些变量（`ipclient`和`ipview`）在Amazon EC2集群上运行并行任务。下面的程序用`ipclient`显示引擎的ID号，并用`ipview`执行了一个简单的并行任务：

```
ipclient.ids
result = ipview.map_async(lambda i: i**5, range(26))
print result.get()
```

用户还可以通过StarCluster运行IPython并行脚本。如果用户想通过本地的IPython会话运行

Amazon EC2远程集群上的并行脚本，那么创建并行客户端时需要在本地进行一些配置：

```
from IPython.parallel import Client
remoteclients = Client('<userhome>/.starcluster/
ipcluster/<clustername>-<yourregion>.json', sshkey='/path/to/cluster/keypair.rsa')
```

举例说明，假如集群名称是packtcluster，地区名称是us-west-2，密钥keypair的名称是packtKey,文件路径为/home/user/.ssh/packtKey.rsa。那么上面的代码将改为如下形式：

```
from IPython.parallel import Client
remoteclients = Client('/home/user/.starcluster/ipcluster/
packtcluster-us-west-2.json', sshkey='/home/user/.ssh/packtKey.rsa')
```

这三行代码运行之后，其他代码就可以在Amazon EC2的远程集群上运行了。

8.5　IPython 数据安全措施

在设计IPython架构时，也十分重视网络安全问题。客户端认证模型是通过SSH加密的TCP/IP连接，可以管理大部分的安全问题，方便用户在公网使用IPython计算集群。

由于ZeroMQ没有提供网络安全功能，因此使用SSH加密隧道保证安全连接。Client对象通过ipcontroller-client.json文件获取与控制器的连接，然后通过OpenSSH/Paramiko创建加密连接隧道。

它还使用了HMAC签名信息的概念，通过共享键保护用户在共享机器上的数据。有一个专门的会话对象处理签名信息的协议。会话对象通过唯一键验证消息的有效性。默认情况下，键使用128位伪随机数，类似于uuid.uuid4()生成的数据。一般情况下，IPython客户端在并行计算过程中，会向IPython引擎发送Python函数、命令和数据。IPython可以保证只有认证的客户端可以接入并使用引擎。引擎的能力和权限也完全是启动它的用户授予的。

为了阻止未经授权的接入，认证和键相关信息都是JSON文件格式，让IPython客户端接入控制器。用户可以限制键的接入数量，以控制授权用户的数量。

8.5.1　常用并行编程方法

随着计算机软硬件性价比的不断提升，并行程序可以通过多种形式设计、开发与实现。我们可以通过并发、并行和分布式三种方式实现。前面提到的任何一种技术都可以实现高效运行的高性能程序。下面将介绍这些模式以及与它们相关的共同问题。

1. 并行编程经典问题

所有模式都是在不同的计算单元（CPU与计算节点）中执行程序的不同部分。一般情况下，这些模式都是把程序分成多个worker进程，每个worker进程都在不同的计算单元上运行。如果不考虑这些模式的性能，这种使用多个worker进程的程序执行方式会造成不同任务间通信困难。这个问题就是典型的进程间通信（Inter-process Communication，IPC）问题。

一些经典的IPC问题需要开发者时刻注意，如死锁（deadlock）、饥饿（starvation）和竞争状态（race condition）。

- 死锁

  死锁是指两个或多个worker进程处于无限制的等待状态，等待其他worker进程释放正在占用的资源。死锁有四个充分必要条件，分别是相互排斥（mutual exclusion）、持有等待（hold and wait）、非抢占式（no pre-emption）以及循环等待（circular wait）。如果程序在运行过程中出现了以上四种条件，就会被阻塞，不能继续运行。

  - 相互排斥是指资源是不能共享的，只能一个worker进程使用。
  - 持有等待是指死锁的worker进程持有部分资源，并请求其他资源到来。
  - 非抢占式是指已经分配给一个worker进程的资源不能再分配给其他worker进程使用。
  - 循环等待是指程序中等待资源的worker进程形成了一个链或循环列表，其中每一个worker进程都在等待前一个worker进程释放资源。

- 饥饿

  当多个worker进程争抢一个资源时就会发生饥饿（游戏）状态。这时，每个worker进程都被配置了一个获取资源的优先级。有时，优先级分配得不合理，就会导致一些worker进程等待时间非常长。在这种情况下共有两种worker进程在竞争：高优先级的worker进程和低优先级的worker进程。如果高优先级的worker进程连续地请求资源，就会导致低优先级的worker进程陷入无限漫长的等待。

- 竞争状态

  当多个worker进程同时对一块数据进行读/写操作时，每个worker进程的操作之间没有同步，就会出现竞争状态。例如，两个worker进程同时读取数据库的一块数据，修改数据值，然后再写回数据库。如果没有合理的同步顺序，那么数据库就会出现前后不一致的状态。

有一些方法可以解决这些问题，不过那些方法的具体内容超出了本书的介绍范围。如果感兴趣的话，可以看看其他相关的多核编程书籍。下面来介绍并行计算的各个类型。

2. 并行编程

在并行程序的开发模式中，程序被分成多个worker进程运行在多个独立的CPU上，无需竞争一个CPU的资源，如下图所示。这些CPU可以是一台计算机的多核处理器，也可以是在多台单独的计算机上，通过消息传递接口连接。

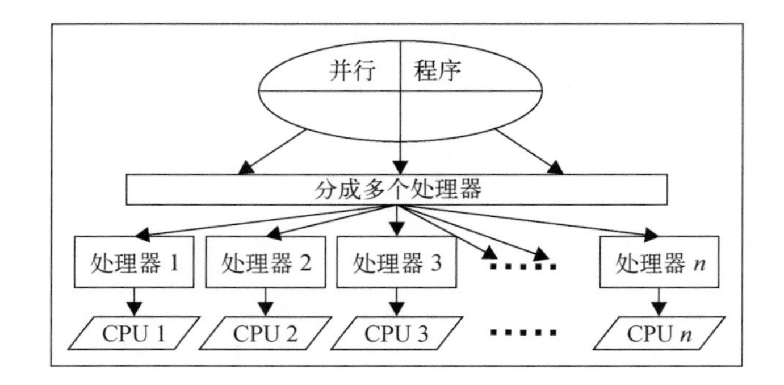

3. 并发编程

在并发编程模式中，用户程序的多个worker进程运行在一个CPU或者数量少于worker进程数量的CPU上（如下图所示）。这些worker进程会在CPU调度器的管理下争抢CPU资源。CPU调度器会用不同的调度机制分配worker进程给CPU。CPU调度器机制会创建worker进程的级别，worker进程将按照级别的次序运行。

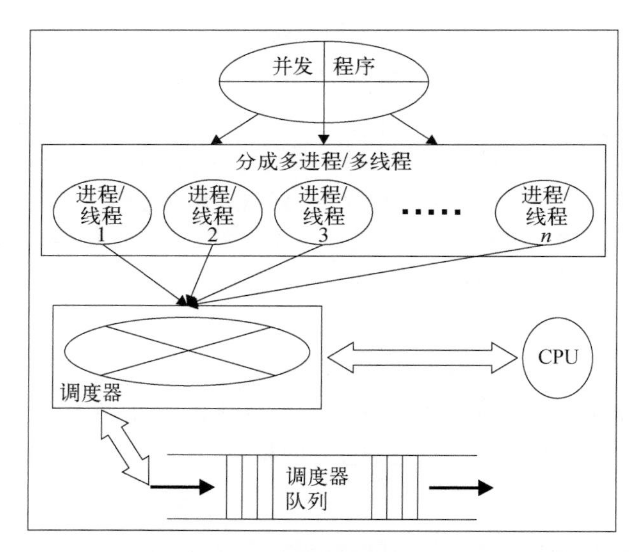

并发编程模式中的worker进程，一般都用多进程或多线程来实现。进程或线程都并发地完成主程序的一部分。线程与进程的主要区别在于：线程是内存共享的，占用资源少，一个进程可以生成多个线程。因此，线程也被称为轻量级进程。

4. 分布式编程

在分布式编程模式中，worker进程通过网络在不同的机器上运行。有不同的框架执行这类程序。网络还会用不同的拓扑结构，在有些情景中，调度机制数据和处理过程都是分布式的。这种并行计算模式越来越受欢迎，因为它优点明显，比如单个节点成本低、容错效果好、高度扩展性，等等。在分布式计算模式中，每个节点都有独立的内存和处理器资源，而在并行编程模式中，处理器/CPU共享同样的内存资源。

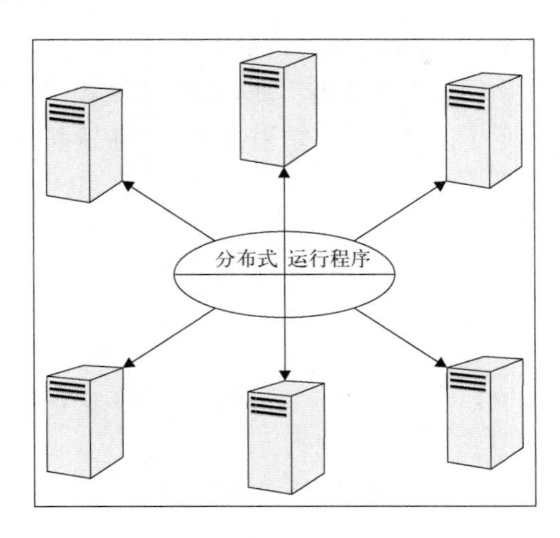

分布式程序的运行

5. Python多进程

Python多进程可以在多核电脑的多个CPU上创建和运行多个独立运行的进程。Python提供了两个重要的模型支持多进程：一种是基于`Process`类，另一种是基于`Pool`类。

下面的程序演示了用`Process`类实现多进程：

```
import multiprocessing as mpcs
import random
import string

output_queue = mpcs.Queue()

def strings_random(len, output_queue):
    generated_string = ''.join(random.choice(string.ascii_lowercase +
                        string.ascii_uppercase + string.digits)
                        for i in range(len))
    output_queue.put(generated_string)

procs = [mpcs.Process(target=strings_random, args=(8, output_queue))
            for i in range(7)]

for proc in procs:
    proc.start()

for proc in procs:
    proc.join()
```

```
results = [output_queue.get() for pro in procs]
print(results)
```

基于Process类的多进程按照进程完成的先后顺序返回结果。如果用户需要结果按照既定的顺序生成，那么需要费一番功夫，如下面的程序所示。为了获取有序的结果，必须在函数中增加一个参数，最后再输出到结果中。这个参数表示进程的位置或顺序，最后结果被存储在参数中。下面的程序基于Process类演示了这种思路，结果会带一个位置参数：

```
import multiprocessing as mpcs
import random
import string

output_queue = mpcs.Queue()

def strings_random(len, position, output_queue):
    generated_string = ''.join(random.choice(string.ascii_lowercase +
                        string.ascii_uppercase + string.digits)
                        for i in range(len))
    output_queue.put((position, generated_string))

procs = [mpcs.Process(target=strings_random, args=(5, pos, output))
        for pos in range(4)]

for proc in procs:
    proc.start()
for proc in procs:
    proc.join()

results = [output_queue.get() for pro in procs]
results.sort()
results = [rslt[1] for rslt in results]
print(results)
```

Pool类为并行计算提供了map和view方法，它还支持这些方法的异步版本。它将会在进程完成之前对主程序加锁，这样就可以保证程序输出的结果是按照顺序排列的。

6. Python多线程

Python多线程允许用户在一个进程中创建多个线程完成并发计算。一个进程的所有线程会和主进程/线程共享同样的数据存储空间，这样可以共享数据，方便互相通信。线程也称为轻量级进程，因为它们所需的内存比进程少。

下面的程序演示如何创建和启动线程：

```
import threading
import time
class demoThread (threading.Thread):
    def __init__(self, threadID, name, ctr):
        threading.Thread.__init__(self)
```

```
        self.threadID = threadID
        self.name = name
        self.ctr = ctr
    def run(self):
        print "Start of The Thread: " + self.name
        print_time(self.name, self.ctr, 8)
        print "Thread about to Exit:" + self.name

def print_time(threadName, delay, counter):
    while counter:
        time.sleep(delay)
        print "%s: %s" % (threadName, time.ctime(time.time()))
        counter -= 1

thrd1 = demoThread(1, "FirstThread", 4)
thrd2 = demoThread(2, "SecondThread", 5)
thrd1.start()
thrd2.start()
print "Main Thread Exits"
```

这个程序创建了两个线程。如果你观察输出结果，会发现结果的输出顺序混乱。Main Thread Exits语句会先显示，随后Thread about to Exit: ThreadName语句会随机显示。

我们可以通过线程同步方法来控制输出结果，保证线程按照需要的顺序完成。下面的程序首先运行第一条线程，结束后才运行第二条线程，最后主线程才退出。保证线程结束顺序的方法是，线程启动前先获取线程锁，线程结束后释放线程锁，这样新线程就可以获取。主线程通过join方法调用所有线程对象。这个方法会在其他线程结束之前阻塞主线程：

```
import threading
import time
class demoThread (threading.Thread):
    def __init__(self, threadID, name, ctr):
        threading.Thread.__init__(self)
        self.threadID = threadID
        self.name = name
        self.ctr = ctr
    def run(self):
        print "Start of The Thread: " + self.name
        threadLock.acquire()
        print_time(self.name, self.ctr, 8)
        print "Thread about to Exit:" + self.name
        threadLock.release()

def print_time(threadName, delay, counter):
    while counter:
        time.sleep(delay)
        print "%s: %s" % (threadName, time.ctime(time.time()))
        counter -= 1

threadLock = threading.Lock()
thrds = []
```

8

```
thrd1 = demoThread(1, "FirstThread", 4)
thrd2 = demoThread(2, "SecondThread", 5)
thrd1.start()
thrd2.start()

thrds.append(thrd1)
thrds.append(thrd2)
for thrd in threads:
    thrd.join()

print "Main Thread Exits"
```

8.5.2 在 Python 中演示基于 Hadoop 的 MapReduce

Hadoop是一种在计算集群上对大数据进行分布式存储与处理的开源框架。Hadoop由三部分组成：负责数据处理的MapReduce，Hadoop分布式文件系统（Hadoop Distributed File System，HDFS），负责数据存储的大型数据库HBase。HDFS可以存储非常大的数据集文件。它可以把数据文件分割成多个文件块，然后保存文件块与计算节点对应关系的索引信息。HBase是一种支持大数据、基于HDFS开发的数据库。它是一种开源、列导向、非关系型分布式数据库。

MapReduce是一种在计算集群上对大数据进行分布式处理的开源框架。Hadoop是对MapReduce计算框架的开源实现。MapReduce程序由两部分组成：`map`和`reduce`。`map`函数对输入数据文件进行过滤，然后把它的计算结果写到文件系统。之后，再用`reduce`函数进行汇总，最后再把计算结果输出到文件系统。MapReduce框架是一种单程序多数据模式（Single Program, Multiple Data，SPMD），在多个数据集上做同样的数据处理。

在Hadoop系统中，完整的功能被分成多个组件。有两个主节点。一个是任务跟踪器（Job Tracker），主要功能是跟踪从动节点的map和reduce过程，从动节点称为任务跟踪节点（task tracker node）。另一个是名称节点（namenode），主要功能是管理分割文件集的文件块与从动节点（称为数据节点）的关联关系。为了防止单节点发生异常导致任务失败，用户通常还会安装备份名称节点。建议在运行实际的map和reduce数据处理时，使用大量既作为任务跟踪节点又作为数据节点的从动节点。每一个从动节点既是任务跟踪节点，又是数据节点。MapReduce应用的性能与从动节点的数量成正比。Hadoop系统还可以自动宕机恢复：如果一个任务跟踪节点在数据处理过程中宕机了，Hadoop会自动把任务分配到其他任务节点上，数据处理过程不会中断。

下面的程序是在Python中演示基于Hadoop的MapReduce的开发过程。它对一个普通的爬虫数据集进行处理。这些数据集包括长期抓取的若干PB网络数据。里面包括网页数据、抽取的元数据以及苹果系统文件（Web ARChive，WARC）格式的文本数据。这些数据存储在Amazon S3云存储里，作为Amazon公开数据集程序的一部分。关于这个数据集的更多信息可以在http://commoncrawl.org/the-data/get-started/上看到。

```
import sys
for line in sys.stdin:
  try:
      line = line.strip()
      # 把一长分割成单词
      words = line.split()
      # 增加计数器
      if words[0] == "WARC-Target-URI:" :
          uri = words[1].split("/")
          print '%s\t%s' % (uri[0]+"//"+uri[2], 1)
  except Exception:
      print "There is some Error"
```

上面的程序就是map部分，下面的程序是reduce部分：

```
from operator import itemgetter
import sys

current_word = None
current_count = 0
word = None

for line in sys.stdin:
    line = line.strip()

    word, count = line.split('\t', 1)

    try:
        count = int(count)
    except ValueError:
        continue

    if current_word == word:
        current_count += count
    else:
        if current_word:
            print '%s\t%s' % (current_word, current_count)
        current_count = count
        current_word = word

if current_word == word:
    print '%s\t%s' % (current_word, current_count)
```

运行前面的程序之前，用户需要先把输入数据集文件web-crawl.txt放到HDFS home文件夹中。用下面的命令可以执行两个程序：

```
#hadoop jar /usr/local/apache/hadoop2/share/hadoop/tools/lib/hadoop-streaming-
2.6.0.jar -file /mapper.py -mapper /mapper.py -file /reducer.py -reducer /
reducer.py -input /sample_crawl_data.txt -output /output
```

8.5.3　在 Python 中运行 Spark

Spark是一个多用途的集群计算系统。它的高级API可以支持Java、Python和Scala语言。这样可以非常轻松地写出并行程序。它的设计与Hadoop两阶段、来回在硬盘倒文件的MapReduce相反。Spark是一种内存模型，在一些应用场景中可以实现最多100%的性能提升。它非常适合实现机器学习的应用与算法。

Spark需要集群管理和一个分布式存储系统。它为许多分布式存储系统都提供了简单的接口，如Amazon S3、Cassandra和HDFS，等等。另外，它还可以单机运行，即可以对Spark原生集群（Spark native cluster）、Hadoop、YARN和Apache Mesos进行集群管理。

Spark的Python API称为PySpark，通过它就可以用Python进行Spark编程。可以在用PySpark打开的命令行中用Python编写Spark程序，也可以在IPython会话中进行。还可以先开发程序，然后通过`pyspark`命令运行程序。

8.6　小结

本章介绍了用IPython进行高性能科学计算的相关概念。首先介绍了并行计算的基本概念，然后介绍了IPython并行计算的具体结构。之后，演示了简单并行程序的开发、IPython魔法函数以及并行装饰器。

本章还介绍了IPython的高级特性：容错机制，动态负载均衡，任务之间的依赖关系管理，客户端与引擎之间对象的移动，IPython的数据库支持，在IPython中使用MPI，用StarCluster通过IPython管理Amazon EC2远程集群。随后，还介绍了Python的多进程和多线程编程。最后，简单介绍了使用Hadoop和Spark在Python中开发分布式应用的方法。

下一章将介绍一些用Python的科学计算工具和API解决真实问题的案例，还将介绍不同基础与高级科学领域中的若干应用。

第 9 章

真实案例介绍

本章将介绍一些通过Python设计与开发的科学计算应用、API/程序库和工具的例子。

即将介绍的Python应用主要涉及以下科学领域：

- 专业领域硬件/软件
- 气象学应用
- 设计与建模
- 高能物理应用
- 计算化学
- 生物学
- 嵌入式系统

这些应用、工具和程序库涵盖社会、科学与商业领域，包括NGO应用、科学教育的软硬件、气象学应用等。还包括航空器的概念设计程序库、地震风险评估的应用以及生产制造过程中的能源利用率监控软件。除此之外，还有高能物理分析代码生成器、计算化学应用、盲音触觉识别系统、空中交通管制应用、节能灯嵌入式系统、船舶设计程序库以及分子建模工具包。

9.1 用 Python 开发的科学计算应用

Python是开发科学计算应用的主流语言，尤其适合开发那些低成本、高性能的应用。后面几个小节将介绍Python在这方面的应用、工具和产品。

9.1.1 “每个孩子一台笔记本”项目用 Python 开发界面

每个孩子一台笔记本（One Laptop per Child，OLPC）是麻省理工学院（MIT）发起的项目。这个项目得到了许多软硬件开发者的大力支持，并通过强大的Python社区实现了OLPC的使命。该项目背后的理念是开发装有创新性软硬件的、低价格教学用笔记本电脑。OLPC的使命简单且令人信服，就是通过一台安装了可以协作学习的软件和应用且低价格、低功耗的笔记本电脑，让贫穷的孩子获得教育的机会。这个使命的主要目标就是要生产和发布一台低成本、低功耗的笔记本OLPC XO。这台笔记本是由中国台湾的量子计算机公司（Quanta Computer）制造的。和其他笔记本不同的是，这台机器使用闪存，没用硬盘，而且安装Fedora的Linux发行版，还支持802.11s通信协议的无线网。XO笔记本的照片如下图所示。

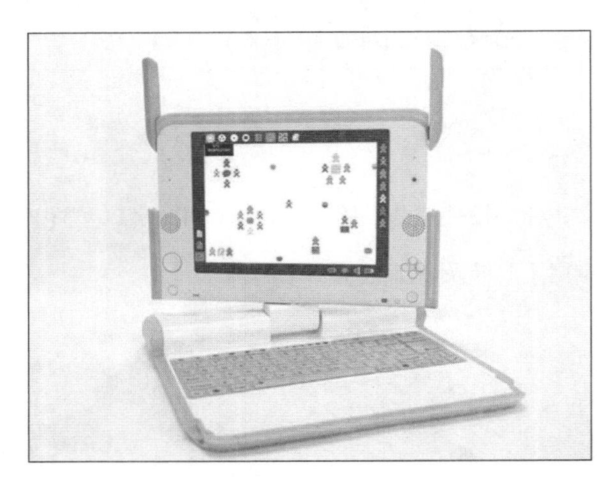

图片来源：http://images.flatworldknowledge.com/lule/lule-fig13_004.jpg

Sugar是一个自由开源的桌面环境，主要用于交互式学习，它是XO系统的交互界面。Sugar没有桌面、文件夹和窗口的概念。它是从主视图开始，用户可以从主视图屏幕中选择不同的活动（activity）。Sugar里的应用都被称为activity[①]。activity包括应用以及共享和协作的能力。为了保存Sugar应用的状态和历史，Sugar开发了一个日志功能为用户恢复应用状态。日志会自动记录用户的会话任务，并提供了接口来按照日期恢复历史状态。每个activity都可以与内置的日志功能以及其他功能的接口进行对接，例如剪贴板。Sugar的activity都是全屏，一次只能运行一个程序。

Sugar可以支持不同的系统平台。

- **XO笔记本**：XO笔记本以Sugar为默认界面。
- **CD启动盘和USB启动盘**：Sugar也可以直接通过CD和USB启动。
- **Linux发行版的软件包**：Sugar也是各种Linux发行版的软件包——也是一种桌面环境。
- **虚拟镜像**：Sugar可以通过虚拟机安装在Windows和苹果操作系统上[②]。

在Sugar中，Python可以开发各种各样的Sugar应用/activity。开发者可以使用Python扩展Sugar的功能，向里面增加新应用/activity。Sugar的主视图如下图所示。

① 和Android系统类似。——译者注

② 也有Docker版本。——译者注

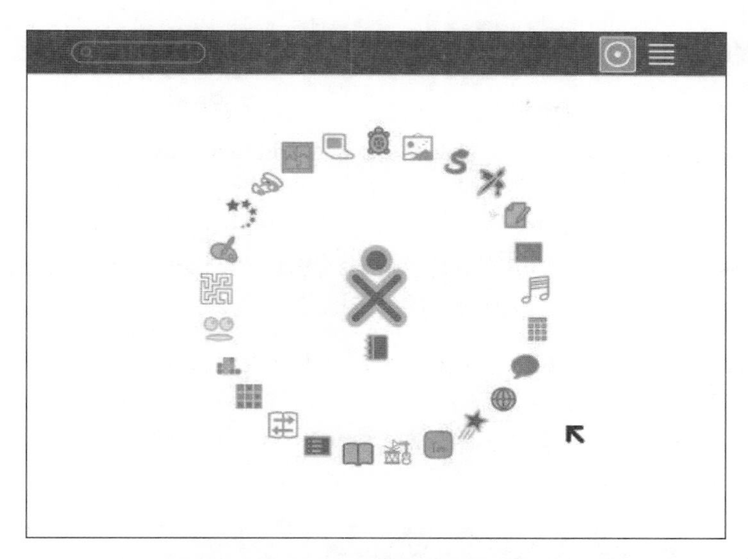

图片来源：http://2.bp.blogspot.com/_PPJgknwAe5o/S_8kh3r1qII/AAAAAAAAAGk/qmJdLae1pQ8/s1600/2009-SugarLabs-Homeview.png

启动XO笔记本之后，它就可以自由地获取Python社区的强大支持。它还是一个开源软件，开发者可以理解和改善它。XO笔记本有一个高分辨率、易于阅读的显示屏，而且支持多种语言的电子书模式。XO笔记本的电子书模式如下图所示。

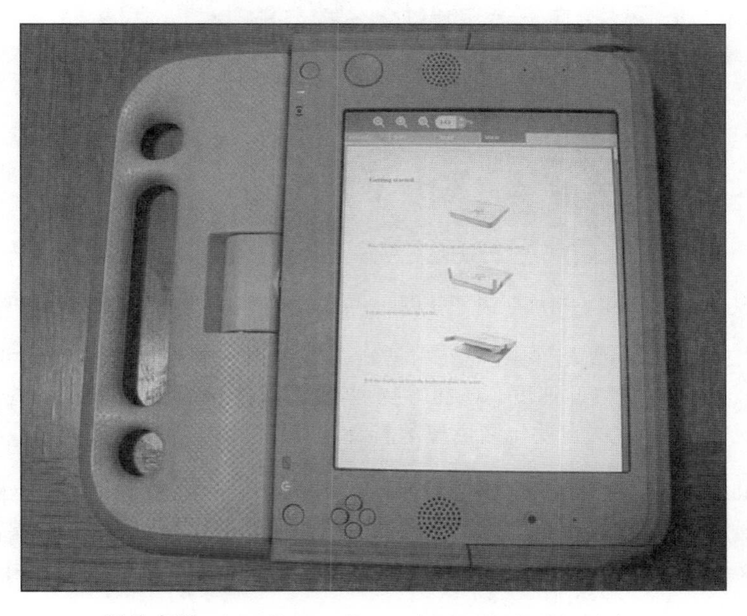

图片来源：http://regmedia.co.uk/2008/01/16/ebook.jpg

9.1.2 ExpEYES——科学之眼

印度的大学联合加速中心（Inter University Accelerator Centre，IUAC）有一个项目是自制设备与创新物理实验（Physics with Homemade Equipment and Innovative Experiments，PHOENIX）。其主旨是要通过实验改善科学教育的质量。项目的主要目的就是开发低成本的实验设备。另一个分支项目是青年工程师与科学家实验（Experiments for Young Engineers and Scientists，ExpEYES），其重点是通过做实验学习知识。ExpEYES适合高中和更高年级的学生使用。满足其主要目标的设计是一个低成本的设备[①]。这个设备通过5 V的USB电源供电。

要使用ExpEYES，首先需要在电脑上安装驱动软件，然后通过USB线将它连接到电脑上。在它的两侧共有32个I/O接口可以连接外部信号。用户可以控制和监视设备的电压。要测量力量、气压、温度等信息，用户可以通过传感器将信息转换成电信号。例如，温度传感器会通过电压显示不同的温度值。ExpEYES的外观如下图所示。

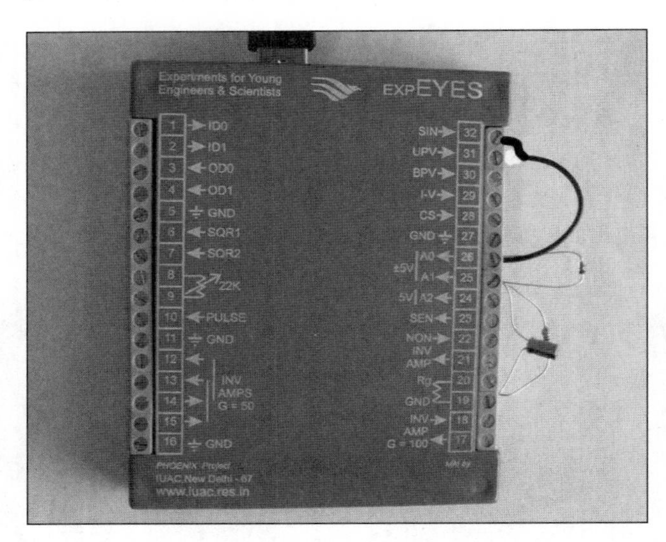

图片来源：http://expeyes.in/sites/default/files/images/diode-rectifier-photo.jpg

真正的学习过程需要不断地探索并动手实验。物理实验需要控制与测量不同的参数，例如加速度、电流、力、气压、温度、速度、电压等物理量。有时也需要自动测量一些快速变化的物理量（例如AC交流电压）。这些自动化测量技术需要计算机的参与。

用一个Python解释器和Python模块接入串行端口，这在任何电脑上运行ExpEYES都是必备的。设备驱动程序会识别USB端口，驱动会把USB端口作为应用程序的RS232端口。ExpEYES的通信部分用Python语言写的程序库处理。还有GUI程序可以支持每一个实验。用户还可以为新实

① 单片机。——译者注

验自行开发界面。ExpEYES可以通过CD光盘启动，也可以在Linux和Windows系统上安装。它是一款性价比很高的科学实验室，既轻便又很容易扩展。它可以支持大量的科学实验，从高中到研究生阶段都适用。

最新的ExpEYES版本是ExpEYES Junior。这版ExpEYES增加了一些新功能，早期版本的一些简单功能被移除了。它还可以和Android智能设备进行交互。ExpEYES Junior的界面如下图所示。

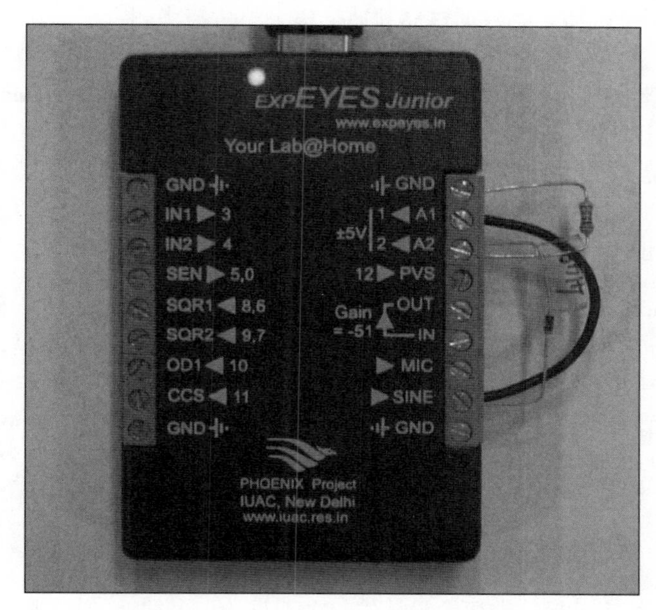

图片来源：http://expeyes.in/sites/default/files/Experiments/Photos/half-wave.jpg

最初的软件是用C语言写的，很快就迁移到了Python上。这样的改变有两个好处。第一个好处是显著增强了ExpEYES开发GUI程序的能力。另一个好处是通过Python与硬件交互可以让实验的开发变得更简单。

9.1.3 Python 开发的天气预测应用程序

通常，气象学家会将自己的预测结果与真实的天气进行比较，观察气象周期。这么做可以优化和改善模型的质量，模型需要收集真实的天气测量值的数据。ForecastWatch可以帮助气象学家们对比、观察、理解预测数据的准确性。它可以提供基础的分析和无偏的数据，从而改进预测效果。ForecastWatch不断地从多个气象数据源收集预测数据，然后根据真实情况为预测数据加上标签。它会对比美国和加拿大850多个观测点的预测值和实际值。温度、天气状况、降雨量和风力风向等指标的高低都会进行对比。ForecastWatch还可以生成月度统计值，并按照国家、州、地区进行不同区域的聚合。

ForecastWatch由以下四部分构成。

- **获取预测的气象数据**：这是一个预测数据解析器，它会从每个预测数据源的网络接口收集数据。它会先解析数据，然后把数据存入数据库，等待与真实数据做比较。
- **获取实际测量的气象数据**：这是一个真实数据解析器，它会从美国国家气象数据中心的国家气象服务平台收集真实气象数据。数据包括最高与最低温度、降雨量、重大气象事件。真实数据解析器会将数据存储到数据库，然后与预测数据对比评分，最后把分数保存下来。
- **数据聚合引擎**：对数据进行存储和评分之后，通过数据聚合引擎（data aggregation engine）按照不同的时间段（月度、年度、任意天数）、地点、数据源进行聚合。
- **网络应用框架**：最初，网页是用PHP设计的，后来用Python重新设计了。通过Python重新设计简化了网络开发过程，并可以与系统中的其他模块更好地衔接。Python网络应用框架是Quixote，可以开发纯Python的网络应用。

这是一个纯Python的应用，通过Python开发了系统的所有四个模块，从有趣的Web界面到耗时的输入与输出数据收集模块，以及高性能的数据聚合引擎。开发者之所以选择Python，是因为它有大量的标准程序库，可以收集数据、分析数据，并将数据存储到数据库中。多进程程序库可以扩展解析器的功能，同时收集多个城市的数据。数据聚合引擎也是用Python开发的，通过数据库拉连接模块MySQLdb在MySQL里执行SQL语句，让输入程序存储预测和气象数据。

9.1.4　Python 开发的航空器概念设计工具与 API

这一节将分别介绍支持航空器概念设计的一个工具和一个API。首先将介绍VAMPzero工具，之后介绍pyACDT API。

德国宇航局（German Aerospace Centre，德语简称DLR）是德国国家航空、能量与运输研究机构。它的主要任务是进行航空与航天研究，并开发研究需要的工具软件。DLR用Python开发工具和API。

VAMPzero是航空器概念设计的软件工具。它帮助德国宇航局在航空器概念设计过程中攻坚克难，游刃有余。航空器设计的需求变化得非常快，因此它们需要一直使用最新的技术。VAMPzero的灵活性可以让用户轻松调整设计方案。VAMPzero使用主流的手册方法，具有高度扩展性。VAMPzero可以跟踪计算历史，并将数据导出为CPACS格式。利用VAMPzero设计一个新系统，包括外部尺寸、引擎、结构、系统和成本。VAMPzero是支持多学科环境的航空器概念设计的第一个开源工具。VAMPzero使用的编程语言是Python。其开发目的是打造一款可以快速完成航空器设计过程的工具。

pyACDT（Python aircraft conceptual design toolbox，Python航空器概念设计工具包）是一款

由加拿大皇家军事学院的先进航空器设计实验室（Advanced Aircraft Design Lab）的科学家开发的框架。pyACDT是基于Python的面向对象框架，可以实现航空器的功能分析、定义、设计与优化。它用独立的模块分别表示概念设计阶段的几个主要的学科分析内容。这个框架通过面向对象编程的概念实现了各种航空器的组件、引擎、特征以及学科分析。pyACDT与不同学科关联的主要模块如下图所示。这个框架的设计可以让用户轻松地改变约束条件、设计变量、学科分析与目标函数。

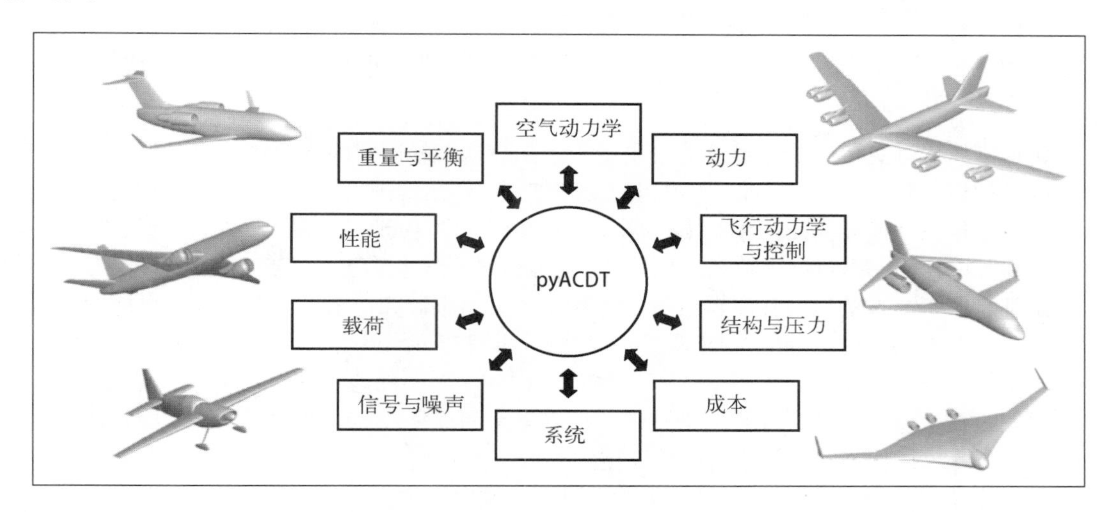

9.1.5 OpenQuake 引擎

全球地震模式（Global Earthquake Model）是由多个地区、国家和国际级的组织与众多个人开发者共同努力组建的世界地震风险计算与通信的统一开放标准。基金会是公私合作的，其几千会员通过不同的形式做贡献，可以是时间，也可以是知识。这个组织有不同的国际项目，如果一个人使用并测试了GEM的软件，总结项目结果，参加会议，就可以成为一个用户。GEM从事的活动至关重要，因为地震爆发的可能性与日俱增，世界上大部分地区都缺乏可靠的地震风险评估工具和数据。另外，人们也缺乏一套国际标准来对比不同的风险分析结果。如果想正确地理解地震的后果与行为，全球合作就显得更加可取了。GEM就是在这种背景下创建的。

GEM基金会的关注领域主要有以下几个。

- **地震风险评估工具**：主要任务是设计、开发、增强高质量的地震风险评估工具。
- **地震风险信息**：GEM也致力于引领地震数据收集与生成的方法和原则，以及地震风险分析模型。
- **协同风险评估项目**：GEM基金会的工作还包括发展并实施不同规模的协同风险评估项目。
- **技术转移与能力开发**：GEM还致力于地震风险评估的能力开发与知识传递。

9

科学家们找到了GEM这个组织就可以为地震风险评估积累优秀的经验，创造共同的数据库，开发模型。GEM把大家的贡献汇集在网页版的OpenQuake工具箱中。世界各地的利益相关者都可以获取这个工具箱。OpenQuake引擎是用Python写的，工程师、财务专家、政府官员、科学家都可以用它们评估地震风险。

OpenQuake是一个网页版的风险评估工具，提供了计算、可视化、研究地震风险的一体化环境，可以捕获新数据，还能分享协同学习的结果。

OpenQuake有五个用于地震风险评估与缓解的不同方面的计算器。这些计算器的简介如下所示。

- **地震风险计算器**：这个计算器主要用于增强公众对地震风险的意识，以及作出合理的应急计划和管理。它可用来计算一组既定资产在一次地震中的损失和损失统计量。
- **地震损失评估计算器**：这个计算器用于评估不同类型资产在地震中可能受到的破坏程度。它可以评估一组资产中的某一项资产在地震中遭受的损害。
- **基于概率事件的风险计算器**：这个计算器主要用于计算一组资产在地震中可能遭受的总损失。可以通过概率论与数理统计方法对一组资产可能遭受的损失进行统计。
- **基于PSHA的计算器**：这个计算器的输出可以用来对不同地点的资产进行地震风险缓解优先级排序。计算器会计算单个资产的损失概率和损失统计。针对不同地点的资产的这些计算还可以作为资产间相对风险评估的依据。
- **风险-收益率计算器**：这个计算器用于对需要采取加固措施的不同地区进行优级先排序，以及找出对一个地区来说经济适用的抗震设计。它可以计算和评估针对某些建筑的改造或加固措施是否在经济上富有成效。

9.1.6 德国西马克公司的能源效率应用程序

德国西马克技术有限公司（SMS Siemag AG）是冶金工厂与轧钢领域的巨头。该公司的一部分业务是为客户改善其工厂的能源利用率，以及工厂对环境的影响。西马克把这部分业务称为生态模式（Eco Mode）。在这种模式下，在特定的时间里，不需要使用的设备会自动关闭或进入节能模式。这个自动化过程是通过Python写的软件实现的。这个Python写的软件可以测量并记录不同设备的能源消耗情况。然后，通过分析日志就可以知道不同操作模式下生产不同发电机组的能量消耗。

9.1.7 高能物理数据分析的自动代码生成器

大型强子对撞机（Large Hadron Collider，LHC）是世界上最大的粒子物理实验人造机器。这个机器的使命是验证粒子物理学理论并探索新粒子。这开启了高能物理的新纪元。

这是迄今为止最大的科学实验，主要介绍如下：

- ❑ 将近100个国家参与其中
- ❑ 大约有500个研究机构共同合作
- ❑ 大约10 000个人从事或得益于该实验
- ❑ 项目成本高达40亿欧元
- ❑ LHC的隧道长度达到27千米

这个巨大的机器每年会产生10 PT的数据，单节点设备无法存储如此庞大的数据。为了解决这个问题，为此，CERN（欧洲粒子物理研究所）联合世界上几乎所有的高能物理研究机构，开发了一种网格计算环境。这个网格通过机构间的网络、共享的存储空间和电力构成巨大的并行处理系统。为了获得更高的性能，分析工作是在数据所在的系统上透明执行的。

在LHC的隧道中，有两个质子束循环对流。它们每25纳秒会在四个实验点进行对撞。撞击之后会产生许多粒子。其中有些是已知的粒子，有些可能是新的、未知的粒子。

如果要从对撞数据中抽取适当的信息，物理学家们需要为自己感兴趣的每一个物理量写代码。只有当物理量一次性运行通过时，代码才是有效的。但是，他们需要写很多这样的分析代码来扫描所有可能的新物理量。这些代码基本类似，大部分通过复制粘贴就可以搞定。通常这些代码可能容易出错，因此有许多代码需要调试与维护。

为了解决这个问题，CERN的科学家们为高能物理社区提供了一个新方法——用Python开发了一个计算机辅助的软件工程包，来处理常用代码和算法以及自动生成分析代码。代码是由用户输入自动生成的，所以更高效，也更不易出错。由于分析代码是自动生成的，所以物理学家可以恰当地处理物理学部分。这个软件包的名字叫WatchMan，是一个用纯Python写成的面向对象框架。它可以让物理学家把精力集中在分析上，不需要担心分析代码，因为它可以根据用户的设置生成完整的分析代码。它是用CERN用Python开发的两个工具开发的：PyROOT（Python数据分析工具箱）和rootcint（Python和C++绑定系统）。WatchMan的处理流程如下图所示。

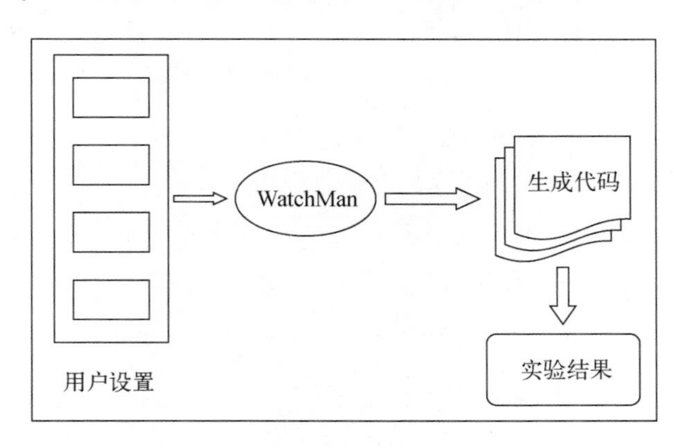

9.1.8 Python 的计算化学应用

英国阿斯利康（AstraZeneca）是一家知名的医药公司，生产治疗恶性肿瘤、心血管疾病、肠胃病与其他感染病的药物，还有止疼药及治疗其他疾病的药物。通常，研发一款新药需要很长时间（通常是几十年）。最大的难题就是尽可能快速地从大量分子中找出可能制成良药的分子。

有一些技术可以预测分子的属性与行为。这些技术由计算化学家发明，用于确保分子对身体无毒害且稳定，可以完成既定的活动，而且可以自动消失。

这些技术的问题在于，光靠它们的结果还不够充分，化学家还需要完成真实的医学实验。必须在实验室里测试这些分子，观察它们的行为和反应。为了节省测试时间，用不同的计算模型来快速挑选最好的候选分子。

在阿斯利康加强药物鉴定过程之前，实验化学家和计算化学家在药物鉴定中是彼此依赖的。实验化学家不会接触许多计算技术，计算化学家应该帮助实验化学家用计算机预测数据，这个预测过程非常复杂。这种依赖关系既会影响计算化学家的工作效率，也会影响实验化学家的工作效率，因为计算化学家需要花大量的时间重复做同样的计算，没有精力开发新的预测技术。如果有某种技术可以让实验化学家自己用计算机进行预测，那么作业流程就可以得到改善，药物预测过程也会变得更加简单快捷。

Pierre Bruneau用Perl脚本设计了一款成功的网页版分析工具。这个工具使用了分子属性计算器工具Drone。阿斯利康利用了这个工具来增强其后端工具Drone，使得它更好管理、更具扩展性、更健壮。这个新的后端工具叫作PyDrone。

PyDrone（用Python开发的）添加了强大的显式异常处理和严格的类型检查功能，以增强Drone的稳定性。起初，在测试阶段，PyDrone会把那些原来在Drone里是隐式处理的异常都显式地抛出。开发者发现，这些异常识别出了之前没有处理过的新异常情况。新版本的代码增加了对这类异常的处理，提高了系统稳定性，因为越来越多的异常可以得到正确处理了。

为了提高PyDrone的扩展性，化学家们开发了一个规则库。这个规则库由一些属性提前计算好的数据缓存和属性名称构成，用于预测用户输入的函数名称。

这个规则库类似于Python的字典对象。用户请求一个属性时，它首先在缓存数据中寻找，如果找到了，就直接使用缓存数据；如果没找到，就调用相关函数进行计算。

这个结果会保留在规则库中以便下次使用。在新的预测过程中，开发者可以增加新函数到函数表中。通过这种方式，PyDrone就可以管理所有的函数，并预测用户输入的函数名称。

9.2 Python 开发的盲音触觉识别系统

盲音触觉识别系统（Blind Audio Tactile Mapping System，BATS）为盲人提供地图。在这个软件发明之前，世界上没有盲人可以使用的地图。这个项目是由美国北卡罗来纳大学的一个研究小组发起的。开发语言使用Python，而不是Java和C++。一开始小组内部争论激烈，因为大家更熟悉Java和C++，对Python则了解不多。最终，研究小组还是做出了明智的决定，使用Python开发，因为Python有许多扩展程序库和模块，适合开发这类应用。

BATS使用的是北卡罗来纳大学的古代世界测绘中心（Ancient World Mapping Center）的地理信息数据文件。ArcView/ArcGIS是一种功能齐全的GIS软件，用于可视化、管理、创建和分析地理数据。一开始，研究小组开发了两个ASCII码文本文件，用于显示地图的地点信息和海拔。这些信息用1024×768的网格匹配系统中使用的显示触摸屏的分辨率。网格信息存储在Python数组中。数据会被压缩以适应BATS模型，然后存储在压缩文件中。程序将数据解压缩并加载成适当的数据结构，以完成快速启动。显示像素与文件内容之间有一一对应的关系。这个系统响应迅速，可以敏捷地捕捉用户的动作。不同的声音/视觉效果被用来表示不同地理特征，例如海洋和陆地。

BATS由两个主要的组件构成，分别是一个用户图形界面和一个数据管理器。数据管理器让用户可以通过图形界面管理数据。图形界面中有一个触摸板、一些数字按键和一个声音合成器。用户在触摸板上的动作可以通过wxPython捕捉到。wxPython里的鼠标动作事件可以对用户动作进行响应，这些事件会查询地理类型以及城市数据库的信息。wxPython可以用声音响应鼠标和键盘动作。BATS还使用微软的语音API。

wxPython是支持多平台的GUI开发API，可以让Python程序员通过类型丰富的用户界面和事件处理模式开发图形界面。

数据管理器通过三个数值数组存储不同的数据，并通过一个ODBC连接器连接微软Access数据库。这些数据包括海拔、土地类型和数据库对应的索引键值。这个键值用来查询Access数据库，获取对应城市位置上的具体信息。

9.2.1 TAPTools 空中交通管制工具

开发通用的空中交通管制解决方案非常有挑战性，因为每个机场各具特色，如整体设计、管理规范和基础设施等各有差异。最主要的困难是每个客户的空中交通管制系统都是其自定义的界面。

Frequentis是在空中交通管理、公共安全和交通领域首屈一指的解决方案供应商。他们通过Python开发了TAPTools产品系列，用于空中交通管制的灯塔和机场工具。空中管理员通过这些工具控制跑道灯光和导航辅助设备，监控导航设备，并跟踪天气条件。

为每个用户开发一套全新的图形界面是非常单调和费时的任务。为了解决这个问题，Frequentis开发了一个设计图形界面布局的工具，叫PanView。这个工具可以设计和建立用户图形界面，在PanMachine软件中运行。这个软件运行在专门设计的硬件PowerPanel上面。用这些工具可以非常快速地开发界面原型。起初，PanView和PanMachine使用Lua语言。Lua可以用来连接用户界面与空中交通管制系统的各项功能。

和Python相比，Lua有许多问题。当产生错误的时候，它能提供的异常信息极少（不方便调试）。Lua也没有列表数据结构，而且标准库内容很少，不适合构建大程序。

芬兰民航局不仅想在PowerPanel上运行用户界面，而且还想在网络浏览器上使用。为了能在浏览器上运行程序，Frequentis用Java重写了PanMachine。由于Lua不能在Java下运行，Frequentis用Python重新实现了原来Lua的功能。他们使用了Python和Python的Java实现版本Jython。这样用户就可以在用Java实现的PowerPanel和PanMachine上运行用户界面了。在PowerPanel上面，Python用C语言实现，而Jython用Java实现，用于浏览器运行。之后，Frequentis用Python重写了Lua布局功能的代码。相比Lua，Python代码更加简洁，也更容易管理。

9.2.2 光能效率检测的嵌入式系统

加拿大Carmanah技术公司是太阳能LED照明市场的领头羊。它是多种用途照明设备的制造企业与供应商，包括机场照明、工业信号灯、海运、铁路、公路以及运输线使用的照明设备等。这家企业首先研发了海运导航用的自动供电与自主控制太阳能灯。目前，Carmanah的市场遍及全世界，尤其是一些特殊环境，如海洋、沙漠、北极等。这些年，电力照明设备为了满足自动供电与自主控制，变得越来越复杂。这些灯接收的有效太阳能比率会随着天气、季节、光的位置、太阳能板的角度以及其他属性的变化而变化。还有一些其他需求，例如灯需要支持可编程界面，对输入数据反馈不同的输出结果，通过无线网连接到控制中心，以及其他复杂的需求。

设计与开发这种灯具，还需要结合电力、电子、机械与光学等多个专业的知识。每个灯都是用运行在微控制器上的嵌入式软件程序进行控制。这类灯具都可以进行自动控制，并且根据客户需求完成特定的功能。

通常，嵌入式系统的组件都需要具备稳定性高、能耗低、体积小的特点。为了实现这些需求，人们发明了微处理器这种特殊的处理器芯片。这些微处理器是把CPU、内存和外围设备集成在一块能耗极低的芯片上。除了要把嵌入式程序写入微处理器的ROM中，在开发与维护阶段，还有一些函数需要使用台式机或笔记本电脑来完成。

现在假如有一个嵌入式系统需要在普通系统上编译，目标代码已经加载到微处理器里了。类似的情况还有，在设备维护时，需要添加额外的硬件才能对已经部署好的设备进行异常检测，例如需要一台笔记本电脑来运行诊断工具。Python的许多特性都非常适合进行嵌入式系统开发。这些特性包括Python程序的简洁短小、自动内存管理、简单强大的面向对象特性等。

Carmanah技术公司在嵌入式系统开发周期的若干关键阶段中采用Python。例如，通过Python程序控制软件开发过程、压力测试和单元测试、设备模拟器，等等。

9.3 Python 开发的科学计算程序库

在Python里，有许多程序库可以应用于多个领域。这些程序库既可以应用于商业领域，也可以进行科学计算。下面的内容就是介绍一些应用于科学计算领域的程序库。

9.3.1 Tribon 公司的船舶设计 API

Tribon Solutions公司①长期致力于船舶计算机辅助设计与建模解决方案。其业务重心是改善船舶应用的整体效率。Tribon软件集可以支持船舶建造的整个生命周期。这就需要高度并发的过程配合建造需求。他们为从事船舶设计与建造的人开发了一个中央资料库和单点信息源。这个模型被称为产品信息模型（Product Information Model，PIM）。这些人可以是设计师、材料管理者、制造团队的成员、策划人以及其他涉及整个建造过程的相关人员。

一般情况下，船舶设计方案都是独一无二的，但是设计师的关注点是通过标准化和数据驱动设计检验流程以降低成本。这个过程由供应商决定，因供应商不同的设计原则、管理规范和标准、设备和设施的条件而变化。Tribon公司可以让供应商根据自己的需求解决这些问题。Tribon公司开发了一套简单易用、平台独立、可扩展、可嵌入的API。

Tribon公司因为Python的许多优秀特性而选择了它，例如可扩展和可嵌入、没有许可证费用、平台独立。Tribon公司的解决方案不会受到Python版本升级的影响。他们的客户用API开发的应用是平台独立的，因此可以移植到不同的平台上运行，而不会出现任何问题，也不需要修改代码。这些解决方案将部分设计过程的周期从几周缩短到了几天，而且改善了设计的整体质量。这是因为设计、计算和其他过程都自动化了。他们把该产品命名为Tribon Vitesse。

9.3.2 分子建模工具箱

分子建模工具箱（Molecular Modeling Toolkit，MMTK）是在生物分子系统中对分子进行建模与仿真的Python程序库。这是用Python和C语言开发的开源程序库。生物分子仿真通常都需要很长时间，一般都要几周。仿真过程中需要利用复杂的数据结构描述生物分子。之所以选择Python和C语言，是因为这两者一个是效率高的解释型语言，一个是性能好的编译型语言。对于复杂的、高性能仿真需求，这是一对好组合。

之所以选择Python而不是TCL和Perl，是因为其具有许多优秀特性，比如可以与编译型语言

① 2004年被AVEVA集团收购。——译者注

整合、丰富的第三方程序库、面向对象编程范式以及代码的可读性。

用户在使用MMTK的时候会觉得它是一个纯Python库，因为其C语言部分是利用Python的C语言扩展包写的。这部分代码只用在时间与性能要求高的地方。例如，交互能量评估是一个时间密集型函数，能量最小化和生物分子动力学是需要花很长时间进行反复迭代计算的过程；它们都需要非常高的性能。这些函数都通过C语言实现，这样可以避免Python过多的资源消耗。另外，MMTK还使用了Python的数值分析包、LAPACK（线性代数包）和NetCDF程序包。MMTK也支持内存共享的并行计算（用多线程）以及分布式并行计算（用MPI）。

MMTK在设计时非常注重自身的扩展性。用户不需要修改原代码，即可增加新的函数、专业术语和数据类型。MMTK借助外部工具实现可视化功能，VMD和PyMOL程序包也被整合在里面。通常，用户都是通过Python脚本使用MMTK。然而，有一些程序支持图形用户界面，如DomainFinder和nMOLDYN。

MMTK主要由三种类型的类构成。第一种类型是表示原子与分子的类，以及管理生物分子和其他内容的数据库的类。一般的分子类还有一个子类用来表示生物分子，例如DNA、蛋白质、RNA。第二种（也是很重要的）类型用于实现各种交互能量计算机制。第三种类型实现数据输入与输出相关功能。代码支持多种文件格式的输入输出功能，包括许多主流的文件格式，以及基于NetCDF的自定义MMTK格式。MMTK的文件是可移植的，并且是可执行文件的形式。由于它们是可执行文件，因此体积小，而且可以快速接入。

9.3.3　标准 Python 程序包

除了上面介绍的那些，Python还有许多具有专业用途的工具、API和应用，可以在PyPI的网站http://pypi.python.org里看到。里面有几千个专业用途的程序包（绝大多数都是用Python开发的）。其应用范围涉及大量的科学、商业与计算领域。这些程序包涉及的领域包括生物信息、健康医疗、地理空间数据分析、仪器仪表、工程、数学等。这个网站还维护了一个按类型划分的程序包列表。涉及科学与工程领域的程序包如下所示。

- fluiddyn：研究流体力学的Python框架。
- DeCiDa：Python的设备与电路数据分析工具。
- python-vxi11：Python的VXI-11驱动，用于控制企业内网连接的设备。
- pygr：Python图形数据库工具，主要用于生物信息学产品。
- Brainiac：Python关于人工智能系统的组件集合，每个组件都可以单独使用。
- pyephem：计算天体运行位置的Python程序包。
- PyMca：X射线荧光分析的Python工具箱。
- openallure：Python的声音与视觉对话系统。
- BOTEC：天体物理学与轨道力学模拟器。

- pyDGS：基于小波变换的数字粒度分析。
- MetagenomeDB：基因序列和注释数据库。
- biofrills：分子序列分析的生物信息学工具。
- python-bioformat：生命科学数据读写文件格式。
- psychopy_ext：一个针对神经科学和心理学实验的框架，能够快速进行可重复设计、分析与画图。
- Helmholtz：创建神经科学数据库的框架。
- pysesa：一个致力于在空间域和频率域中提供通用的Python框架的开源项目，目的是让点云数据和其他地理空间数据的统计分析变得科学直观。
- nitime：神经科学数据的时间序列分析。
- SpacePy：空间科学的分析工具。
- Moss：神经影像学与认知科学的统计工具。
- cclib：计算化学的解析器与算法工具。
- PyQuante：Python量子化学程序包。
- phoebe：恒星和行星系统的物理学工具。
- mcview：高能物理事件仿真的三维/图像事件查看器。
- yt：天体物理学仿真的分析与可视化工具箱。
- gwpy：引力波天文学的Python程序包。

9.4 小结

本章介绍了用Python开发的一些专门用于科学计算领域的真实应用、程序库和工具。我们介绍了Python在许多不同领域的应用，如软硬件开发（像OLPC和ExpEYES），以及照明设备中用Python进行嵌入式系统开发。也介绍了Python在计算化学与生物分子建模领域的应用。最后还介绍了Python在科学与其他领域中的计算机辅助建模的案例。

下一章将介绍科学计算应用与API开发过程中的最佳实践，尤其是Python开发的最佳实践。

第 10 章

科学计算的最佳实践

10

本章将介绍适合科学计算应用程序、API和工具的开发者使用的最佳实践。最佳实践是人们通过长期的研究与实践总结的经验。根据这些实践方法进行开发，可以达到事半功倍的效果。

本章将涉及的最佳实践主题如下：

- 方案设计阶段的最佳实践
- 功能实现阶段的最佳实践
- 数据管理与应用部署的最佳实践
- 实现程序高性能的最佳实践
- 数据隐私与网络安全的最佳实践
- 程序维护与客户支持的最佳实践
- Python程序开发专用的最佳实践

通常，科学家用科学计算工具做研究，他们绝大多数没有受过正式的计算机科学培训。这就可能导致他们开发出低效率的产品，开发周期也可能更长。而且可能实现的算法效率不高，开发时间很长，代码也达不到预期的效果。最佳实践可以帮助他们解决这些问题。科学家遵循最佳实践，就可以用正确的科学方法进行软件开发，并让他们的代码没有无用的异常和错误。

许多科学程序库/应用程序/工具箱都是完全由非计算机专业的科学家开发的。这些最佳实践帮助他们取得了更好的效果，提升了开发效率，改善了开发体验。

最佳实践可以被视为用于执行软件开发任务的可重复的标准方法。

10.1 方案设计阶段的最佳实践

软件开发过程中的设计阶段的最佳实践如下。

- **任务分配到不同的团队**：把开发生命周期的不同阶段的任务分配给不同的团队，效果更好。这样既可以减轻一个人的负担，也可以在更短的时间内实现更好的效果。最好为开发的每个阶段选择一个团队（一到两人一队），分别负责设计、实施和测试阶段。这些团队的内部成员紧密合作，他们在不同的阶段完成各自负责的任务。这样做比不同团队之间的合作更高效。这种合作方式如下图所示，不同的步骤都用普通的图形表示。设计师团队可以在编程上支持开发团队，这种合作方式被称为结对编程。类似地，功能实现团队与测试团队密切合作，可以修复bug，改善系统的整体性能。

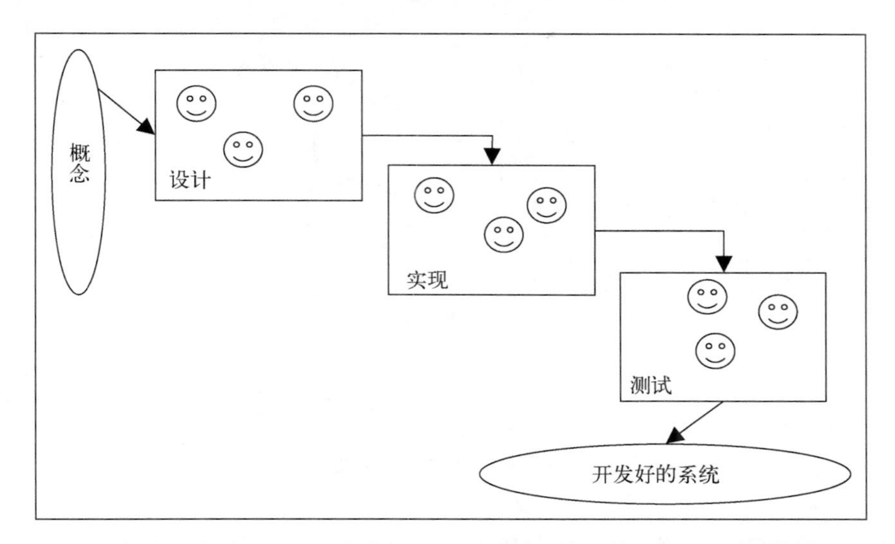

- **把大任务分割成小任务，分而治之**：不要指望一次性写一个大程序实现一个大功能，应该把大任务分解成若干子任务。这是一种循序渐进的方法，通过不断地完成一个个子任务来实现最终任务的完成。这样将会提升整体开发体验，并改善实现代码的质量。按照这样的方法，代码质量更高，时间消耗更少，可维护性更强。
- **每个子任务的生命周期**：每个子任务都按照开发生命周期（设计、实现和测试）来执行，可以减少程序的代码错误，因为每个子任务都经过了测试。这还可以改善代码的整体质量，因为每个团队只需要负责一小部分代码。具体方法如下页图所示。

  采用这种方法，开发团体可以避免陷入影响整体重大的错误之中。而且这种方法可以为最终的测试阶段节省很多时间。

- **每个阶段使用专业的软件**：推荐团队在开发生命周期的各个活动中使用专业的软件。大多数活动都有许多标准软件。例如，有一些专门用于设计与建模工具的软件（如微软的Visio）。为了支持开发活动，有集成开发环境（如用Eclipse开发Java）、版本控制软件（如Git和CVS）、程序调试器（如GDB）、编译工具（如常用于Java开发的ANT）。还有许多应用测试和性能分析的专业软件。

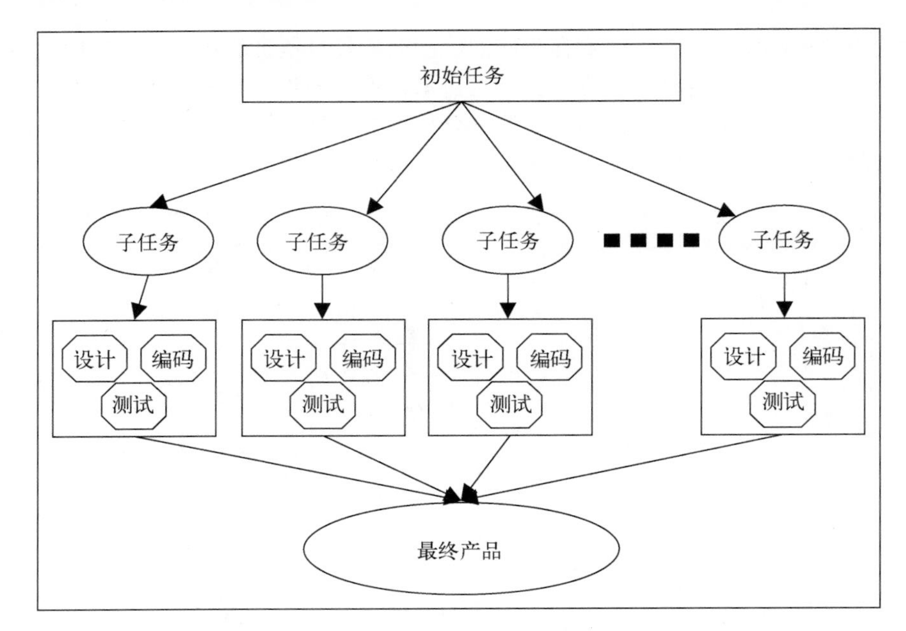

每个子任务的生命周期

10.2　功能实现阶段的最佳实践

下面介绍的最佳实践适合应用于功能实现阶段。

- **代码注释与文档最大化**：大多数科学应用都涉及复杂的算法和计算，因此它们的实现过程也很复杂。如果对那些复杂的功能实现的代码进行详细的说明，就可以更方便未来的功能增强。将代码注释与文档最大化，可以让用户/开发者很好地理解程序背后的设计思路。尤其重要的是，对于复杂逻辑的合理注释，可以方便开发团队继续增强应用程序/工具/API的功能。代码注释可以解释代码的逻辑。
- **提升代码可重用性**：不要重复发明轮子，在开发生命周期开始之前，先看看有没有合适的程序库。站在现有程序库的基础上开发会节省很多时间。而且，使用现有的优质程序库还可以减少运行错误、bug，因为这些库都经过反复测试，久经考验。使用现有的程序库可以让科学家将精力集中在科学研究之中。这样可以节省大量时间。唯一要花时间的地方是学习这些程序库，然后用它们完成任务。
- **首先开发一个功能完整的原型**：一种开发应用程序、工具、API的好方法，是首先开发一个可以正常运行的原型，然后再不断地优化。即使是开发一些简单的商业软件，这种方法也值得尝试。正常运行的原型可以通过优化改善性能。然而，开发过程中制定优化计划可能会分散团队注意力。因此，在开发阶段，团队的重心应该放在实现需要的功能上，之后可以优化正常运行的应用程序、工具、API以改善性能（过早优化是魔鬼）。

- **预防未来可能发生的错误**：采取积极主动的方法应对未来的错误。这种方法会涉及断言、异常处理、自动化测试与调试。断言可以用来判断代码的前置条件和后继条件都是正常的。自动化测试可以帮助开发人员保证程序的功能没有改变，即使程序已经被调整过了。在测试阶段，每个错误都应该被转换成一个测试用例，这样未来再遇到时就可以自动化测试。使用调试器比直接在代码里用`print`打印结果来验证的代码正确性更高效。调试器可以帮助开发者深入理解程序每一行语句所做的动作。异常处理可以帮助开发者提前处理异常。下面的代码演示了Python断言的用法：

```
# 判断前置条件的测试
def centigradeToFahrenheit (centigrade):
    assert type(centigrade) is IntType, "Not an integer"
    assert (centigrade >= 0), "Less then absolute Zero"
    return (9 * centigrade/5 + 32)
print centigradeToFahrenheit(40)
print centigradeToFahrenheit(15)
print centigradeToFahrenheit(-10)
# 判断前置条件与后继条件的测试
def calculate_percentage (marks1, marks2, marks3):
    assert (marks1 >= 0), "Less then absolute Zero"
    assert (marks2 >= 0), "Less then absolute Zero"
    assert (marks3 >= 0), "Less then absolute Zero"
    result = (marks1 + marks2 + marks3) / 100.0
    assert (0.0 <= result <= 100), "Percentage should be between 0 and 100"
    return result
```

- **数据与代码的开源与标准出版物**：开发的代码与实验用的数据最好都以开源/标准的形式发布，这样数据与代码就可以被该研究领域的科学家们使用。这样做可以增加应用程序、工具和API的关注度，最终也会形成更大的用户基础。

  代码与数据的发布会吸引大量的用户，这些用户会参与程序测试与未来的功能改善。数据也会被改善，并根据新用户的需求不断更新。通常，开源软件经过全球各地的开发者和科学家的协作，都会不断地更新。为了支持大量分散的开发者贡献项目，分布式版本控制工具[①]应运而生。分布式版本控制工具是基于网络开发的系统，具有强大的扩展性，可以支持大量的开发者。传统的版本控制工具不能支持众多的开发者共同维护一个项目。

① 如GitHub和Bitbucket。——译者注

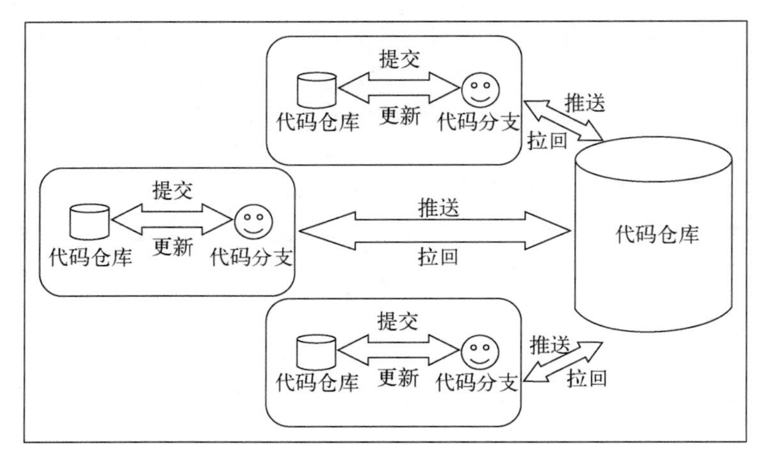

分布式版本控制工具的原理

10.3　数据管理与应用部署的最佳实践

这部分内容是数据管理与应用部署阶段的最佳实践。

- **数据备份**：这条实践适用于关键任务的应用程序，数据一旦丢失将是严重损失，可能造成很高的实验成本，甚至实验失败会造成生命的代价。对于这类关键任务的应用程序，应该适当考虑数据备份，这样可以保证当系统部分功能出现故障时，不会影响到系统整体功能。备份数据必须放到不同的位置，这样即使某地区发生自然灾害，也不会影响最终功能。

  数据备份的概念如下图所示。每份数据都会在全球的不同位置复制三份。即使一两块数据出现了故障，也不会影响系统整体功能。

- **用真实和模拟数据做测试**：应用程序可以用真实数据测试，也可以用模拟数据测试。如果拿不到真实数据，就用模拟数据。要获取模拟数据，可使用第3章中介绍的基于统计分布的随机数生成技术。通常，绝大多数常用的科学应用程序都有公开的数据集，在第3章里已经介绍过。如果有合适的数据集，就可以拿来实验，对应用程序进行测试。

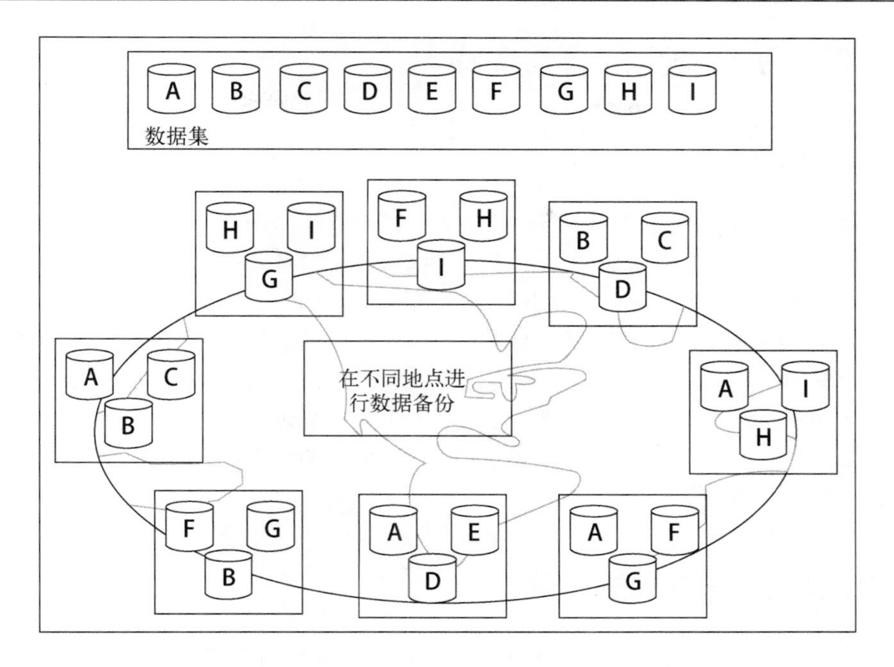

10.4 实现高性能的最佳实践

这部分内容主要面向需要高性能的应用程序。实现高性能的最佳实践如下所示。

- **为将来的扩展性需求做准备**：主动地为将来的扩展性需求做好准备，是更加合理的决策。系统运行的数据集可能是小数据集、大数据集、千万亿级甚至百亿亿级；在设计阶段必须考虑这个问题。根据这个需求，硬件配置、软件开发框架和数据库都需要进行合理配置。设计过程中需要考虑到系统将来需要处理大数据的可能性。
- **选择软件与硬件**：花足够的时间为应用程序、工具和API选择最合适的技术。这个过程需要一开始花时间挑选能够实现目标功能的合适的开发环境。这些技术包括选择一种适宜的编程语言和开发框架、合适的数据库/数据存储、需要的硬件、合适的部署环境，等等。
- **选择合适的API**：如果有API可以实现想要的功能，选择最合适的API对成功、高效地实现功能至关重要。在确定要使用的API之前，需要适当地分析API是否可以实现目标功能与性能要求。最终产品的性能直接受到建立系统时使用的API性能的影响。
- **使用适当的性能测试工具**：对于性能关键型应用，需要使用合适的性能测试工具。有许多性能测试工具可以测试不同类型的应用程序、工具和API的性能。例如，DEISA性能测试套件是一个专门设计的高性能科学计算应用程序。通常，性能测试工具都是由应用程序所在领域的一些用户自定义和实际的程序案例构成。这些程序会运行许多次，以测试目标应用程序的性能。

10.5　数据隐私与安全的最佳实践

数据隐私与安全是应用程序能够被用户接受并广泛使用的最重要前提。本节介绍关于应用程序和数据的合理隐私与安全的最佳实践。

- **数据隐私**：有一些应用程序涉及数据采集，对于这类应用程序，开发者需要注意保护用户数据隐私。数据隐私非常重要，这些数据可能是财务和医药数据，一旦泄露就可能让数据采集者倾家荡产。因此，在开发生命周期的各个阶段都需要时刻关注。
- **网络应用/服务的安全注意事项**：如果应用程序被设计成网络应用/服务，网络信息安全是必须考虑的一环，因为网络服务系统是网络攻击的主要对象。有一些成熟的安全策略既适用于网络服务系统的安全防护，也可以用于对系统进行攻击。从应用程序开发生命周期的第一步开始，就应该考虑安全防护措施。适当的证书许可与鉴权机制可以同时实现应用程序的隐私与安全防护。

10.6　测试与维护的最佳实践

适当的测试与维护对软件开发是至关重要的。本节重点介绍测试与开发阶段的最佳实践。

- **单元测试优先**：最好优先进行单元测试。单元测试成功后，再进行集成测试。待集成测试通过后，再进行验证测试。单元测试可以保证系统的不同模块能正常工作，并且有助于尽早发现错误。这样不仅可以修复模块中的bug，还可以帮助开发者找到最初想法实现中缺失的部分。由于单元测试一次只对一个模块进行测试，关注点很小，因此可以找到功能实现阶段落下的部分。
- **不同的测试团队**：测试是产品最终获得成功的关键环节。测试阶段中最好是不同的团队负责不同的功能。这些团队共同合作获取更好的结果。这样做可以识别功能实现阶段的bug和问题，让最终产品获得更好的功能。
- **成立客户支持工作组**：为了向大型系统的用户提供支持和维护，最好为系统的不同功能模块创建多个工作组。最好各个功能模块的一个开发者可以成为工作组的一员。这样，开发者（也是组员）就很容易发现问题并及时修复。每个工作组专门负责一部分。这样，工作组的每个成员都会对那部分功能有透彻的理解。这些组员也可以轻松地管理支持与维护的工作。
- **为大型项目成立多个工作组**：对于大型项目，需要创建多个工作组共同分担工作任务。每个工作组负责一块任务，为客户提供支持、维护和改善服务。专攻一个领域的工作组可以不断改善系统的整体质量，为客户提供更好的支持。由于一个团队在较短的时间内遇到了同一领域的许多问题，因此他们处理问题的经验更丰富，并最终为系统提供客户真正需要的更新。

- **建立用户帮助与支持邮件列表**：为每个工作组创建一个用户邮件/反馈列表。用户可以向邮件列表提出问题，工作组成员也可以通过邮件列表答复用户问题。邮件列表可以作为用户与开发者的沟通桥梁。

10.7 Python 常用的最佳实践

这一节将介绍一些Python开发者常用的最佳实践。

- **Python的PEP 0008代码规范**：这部分最佳实践的第一条是深入理解并遵照PEP 0008编码规范。详情请参考https://www.python.org/dev/peps/pep-0008/。
- **命名习惯**：推荐所有的Python开发者都保持前后一致且有意义的命名习惯。这条建议不仅对应用程序的原始开发者有帮助，同样也适用于未来扩展程序功能的开发者。统一并有意义的名称可以改善代码的可读性。命名习惯应该遵循统一的命名规则，并为具体的语言调整相应的命名规则。例如，用下划线与驼峰式大小写方式连接多个单词，构建一个变量名和函数名。下表列出了推荐使用的名称和不推荐使用的名称。

不值得推荐的代码风格	值得推荐的代码风格
变量 var1、var2、mycalculation、 temp_val、 f1、num35	变量 area、incomeTax、productCost、 Counter、 lambda、sigma, sum_of_product
函数 func1()、function2()、calculation_func()、 perform_func()	函数 calculateArea()、product_of_sum() sinx()

- **统一的代码风格**：一般情况下，推荐你在整个系统中使用一个标准、统一的代码风格。代码断言、缩进、注释和其他内容的风格都应该一致。为代码注释采用或开发一个标准风格，并在整个系统的编码过程中严格执行。类似地，整个系统代码的格式也应该一致。还需要考虑代码中空格与缩进的使用。

下面的例子演示了两种不同的代码格式。

<table>
<tr><th>空格与缩进格式不统一</th><th>空格与缩进格式统一</th></tr>
<tr><td><pre>x=(b*d- 4*a*c)/2*a
y = 2 * x * x + 4 * x + 5
def sample_function()
print "in function"
  print " last line"
def second_sample()
      print "in function"
      print "last line"</pre></td><td><pre>x = (b * d - 4 * a * c) / 2 * a
y = 2 * x * x + 4 * x + 5
def sample_function()
print "in function"
  print " last line"
def second_sample()
        print "in function"
        print "last line"</pre></td></tr>
</table>

10.8　小结

本章介绍了科学计算团队需要使用的最佳实践。首先介绍了方案设计的最佳实践，然后介绍了写代码的最佳实践，之后介绍了数据管理与应用部署的最佳实践。

紧接着，介绍了高性能计算的最佳实践以及数据隐私与网络安全的最佳实践，之后介绍了程序维护与客户支持的最佳实践，最后介绍了Python开发者常用的最佳实践。

站在巨人的肩上
Standing on Shoulders of Giants
TURING
图灵教育
iTuring.cn

站在巨人的肩上
Standing on Shoulders of Giants
TURING
图灵教育
iTuring.cn